数据结构习题与实验指导

（C语言版）

主　编　尹海丽
副主编　高　峰　姚惠萍　刘　慧

北京理工大学出版社
BEIJING INSTITUTE OF TECHNOLOGY PRESS

内 容 简 介

本书是为"数据结构"课程编写的辅助教材。全书共分为3篇，第一篇为"学习指导与典型习题"，第二篇为"数据结构实验"，第三篇为"数据结构课程设计"。本书内容由浅入深，循序渐进地培养学生的实践技能。书中全部使用 C 语言来描述算法和数据结构，书中附录给出了在 Visual C++ 6.0 环境下编写 C 程序所需要的基本知识。书中所有程序都在 Visual C++ 6.0 环境下调试通过。

本书内容有相对独立性，可作为高校计算机和信息类相关专业本科生的配套教材，也可以作为专科院校和成人教育的辅助教材。

版权专有　侵权必究

图书在版编目（CIP）数据

数据结构习题与实验指导：C 语言版 / 尹海丽主编. —北京：北京理工大学出版社，2017.8（2021.8重印）

ISBN 978−7−5682−4459−6

Ⅰ. ①数… Ⅱ. ①尹… Ⅲ. ①数据结构②C 语言–程序设计 Ⅳ. ①TP311.12②TP312.8

中国版本图书馆 CIP 数据核字（2017）第 181885 号

出版发行 /	北京理工大学出版社有限责任公司
社　　址 /	北京市海淀区中关村南大街 5 号
邮　　编 /	100081
电　　话 /	（010）68914775（总编室）
	（010）82562903（教材售后服务热线）
	（010）68944723（其他图书服务热线）
网　　址 /	http://www.bitpress.com.cn
经　　销 /	全国各地新华书店
印　　刷 /	三河市华骏印务包装有限公司
开　　本 /	787 毫米×1092 毫米　1/16
印　　张 /	13
字　　数 /	306 千字
版　　次 /	2017 年 8 月第 1 版　2021 年 8 月第 2 次印刷
定　　价 /	32.80 元

责任编辑 /	钟　博
文案编辑 /	钟　博
责任校对 /	周瑞红
责任印制 /	施胜娟

图书出现印装质量问题，请拨打售后服务热线，本社负责调换

前　　言

"数据结构"课程作为信息类专业的核心课程,是信息与计算科学专业的专业主干课程之一,属于必修课程。"数据结构"作为信息与计算科学专业的一门专业基础课程,在培养良好的数学基础和数学思维能力,增加信息和计算科学方向的专业技能知识储备,培养有效解决信息科学、计算科学和工程技术等实际问题的能力方面起着举足轻重的作用,是专业人才培养课程体系中不可或缺的主干课程。

由于数据结构的原理和算法比较抽象,理解和掌握它就显得较为困难,学习这门课程,实验是非常关键的环节,上机实验是理解算法的最佳途径之一。目前各种"数据结构"教材较为注重理论的叙述与介绍,算法描述不拘泥某种语言的语法细节,默认读者已具备扎实的程序设计基础,可以在课下独立完成数据结构实验。实际上,读者的程序设计的基础并不一致,相当一部分人基础较为薄弱,尤其是理科学生。多数学生反映数据结构上机实验存在一定的困难,希望有合适的实验参考书指导学习。数据结构的理论学习也有一定的深度,存在一定的难度。学生必须完成一定数量的思考题、练习题、书面作业题,一方面巩固基本知识,一方面提高联系实际,分析解决问题的能力。本书令学生完成相关的习题和一系列实验和课程设计,巩固理论知识,培养分析、解决实际问题的能力,充分注意创新能力与实践能力的培养,为学生的知识、能力、素质的协调发展创造条件。

全书共分为3篇。第一篇为"学习指导与典型习题",主要帮助读者理解数据结构的基本知识点和要点,并且提供了典型习题及参考答案;第二篇为"数据结构实验",要求读者在实验前做好充分准备,然后利用课内学时和课外时间进行上机实践,实验后认真书写实验报告;第三篇为"数据结构课程设计",主要使读者在完成数据结构实验之外,再进一步完成数据结构课程设计的若干实践任务,以帮助读者上机调试、运行各种典型的算法和自己编制的算法,从实践中得到锻炼和提高,从而学会运用理论知识去解决软件开发中的实际问题,达到学以致用的目的。若上机时间有保障,应尽量多安排上机,以便多做一些实验内容。

本书使用 C 语言来描述算法和数据结构,各实验中的程序都在 Turbo C 或 Visual C++ 6.0 中调试通过,以方便读者在计算机上进行实践,理解算法的实质和基本思想。

本书可作为计算机和信息类相关专业本(专)科"数据结构"课程的辅助教材,也可供相关专业的工程技术人员参考。

本书由尹海丽主编,高峰、姚惠萍、刘慧为副主编,全书由尹海丽统稿。

本书在编写过程中力求语言表述准确、解题思路清晰、算法描述规范严谨,但限于编者水平,书中难免存在错误和不妥之处,恳请读者批评指正,编者不胜感激。

编　者

2017.05.01

CONTENTS 目录

第一篇 学习指导与典型习题

第1章 概论 (3)
  1.1 基本知识点 (3)
  1.2 典型习题 (4)
  1.3 习题参考答案 (6)

第2章 线性表 (7)
  2.1 基本知识点 (7)
  2.2 典型习题 (9)
  2.3 习题参考答案 (11)

第3章 串 (15)
  3.1 基本知识点 (15)
  3.2 典型习题 (16)
  3.3 习题参考答案 (17)

第4章 栈与队列 (19)
  4.1 基本知识点 (19)
  4.2 典型习题 (21)
  4.3 习题参考答案 (22)

第5章 树和二叉树 (25)
  5.1 基本知识点 (25)
  5.2 典型习题 (28)
  5.3 习题参考答案 (29)

第6章 查找 (32)
  6.1 基本知识点 (32)
  6.2 典型习题 (34)
  6.3 习题参考答案 (35)

第7章 排序 (37)
  7.1 基本知识点 (37)
  7.2 典型习题 (40)

7.3 习题参考答案 (41)

第8章 图 (46)
8.1 基本知识点 (46)
8.2 典型习题 (48)
8.3 习题参考答案 (51)

第二篇 数据结构实验

第9章 数据结构实验概述 (57)
9.1 实验教学的目的 (57)
9.2 实验教学的主要内容 (57)
9.3 实验步骤 (57)
9.4 实验报告规范 (58)
9.5 实验报告样例 (59)

第10章 C语言基本知识 (65)
10.1 数组的定义与应用 (65)
10.2 指针与指针变量 (67)
10.3 结构体类型与结构体变量的定义 (69)
10.4 malloc( )函数、free( )函数 (73)
10.5 函数与参数传递 (74)

第11章 线性表 (79)
11.1 简单顺序表的建立 (79)
11.2 顺序表的插入 (80)
11.3 用顺序表实现学生成绩管理 (82)
11.4 单链表的建立 (86)
11.5 用链表实现学生成绩管理 (89)
11.6 实现三元组表存储的矩阵的相加 (93)

第12章 栈和队列 (97)
12.1 进制的转换 (97)
12.2 表达式求值 (101)
12.3 循环队列的操作 (107)

第13章 串 (111)
13.1 在顺序存储结构上实现串模式匹配算法 (111)
13.2 在链式存储结构上实现串模式匹配算法和求子串算法 (113)

第14章 树与二叉树 (118)
14.1 二叉树的建立及各种基本操作 (118)
14.2 构造哈夫曼树并对每个字符进行哈夫曼编码 (124)

第15章 图 (128)
15.1 建立无向图的邻接矩阵存储并输出 (128)
15.2 工程造价问题 (129)

第16章 查找 ··(134)
   16.1 简单查找 ··(134)
   16.2 哈希查找 ··(137)
第17章 排序 ··(140)
   17.1 各种排序算法的实现 ··(140)
   17.2 将文件中的字符进行排序 ···(148)

第三篇 数据结构课程设计

第18章 数据结构课程设计概述 ···(153)
   18.1 课程设计的目的 ··(153)
   18.2 课程设计的实施步骤 ··(153)
   18.3 课程设计总结报告的撰写规范 ··(154)
第19章 课程设计案例 ···(155)
   19.1 设计要求 ··(155)
   19.2 设计分析 ··(155)
   19.3 设计实现 ··(160)
附录A 使用 Visual C++ 6.0 系统 ··(173)
附录B 模拟试题及答案（一）··(182)
附录C 模拟试题及答案（二）··(188)
参考文献 ···(195)

第一篇

学习指导与典型习题

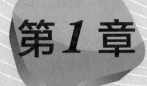

第1章 概论

1.1 基本知识点

（1）数据：信息的载体，是对信息的一种符号表示。在计算机科学中是指所有能输入到计算机中并被计算机程序处理的符号的总称。

（2）数据元素：数据的基本单位。在计算机程序中通常作为一个整体进行考虑和处理。

（3）数据项：一个数据元素可以由若干个数据项组成。

（4）数据结构：数据之间的相互关系，即数据的组织形式。

（5）数据结构一般包括以下三方面内容：数据的逻辑结构、数据的存储结构、数据的运算。

① 数据元素之间的逻辑关系，也称为数据的逻辑结构，数据的逻辑结构是从逻辑关系上描述数据，与数据的存储无关，是独立于计算机的。

数据的逻辑结构通常分为下列4类：

集合：数据元素间的关系是"属于同一个集合"；

线性结构：数据元素之间存在着一对一的关系；

树形结构：数据元素之间存在着一对多的关系；

图状结构（网状结构）：数据元素之间存在着多对多的关系。

② 数据元素及其关系在计算机存储器内的表示，称为数据的存储结构。数据的存储结构是逻辑结构用计算机语言的实现，它依赖于计算机语言。

数据的存储结构可以采用以下4种基本的存储方法：

顺序存储方法：把逻辑上相邻的元素存储在物理位置相邻的存储单元中。

链式存储方法：对逻辑上相邻的元素不要求其物理位置相邻，元素间的逻辑关系通过附设的字段来实现。

索引存储方法：在存储结点信息的同时，还建立附加的索引表。

散列存储方法：以数据元素的关键字的值为自变量，通过某个函数（散列函数）计算出该元素的存储位置。

③ 数据的运算：即对数据施加的操作，常用的有检索、插入、删除、更新、排序等。

（6）抽象数据类型（ADT）：指抽象数据的组织和与之相关的操作，可以看作数据的逻辑结构及其在逻辑结构上定义的操作。

抽象数据类型可以看作描述问题的模型，它独立于具体实现。它的优点是将数据和操作封装在一起，使用户程序只能通过在 ADT 里定义的某些操作来访问其中的数据，从而实现了信息隐藏。

（7）算法+数据结构=程序。

数据结构：指数据的逻辑结构和存储结构；

算法：对数据运算的描述。

（8）算法时间复杂度：算法在运行时所花费的时间。

（9）算法空间复杂度：算法在运行时所耗费的空间。

（10）算法的时间或空间复杂度的数量级采用大写的 O 表示，通常有常量级、对数级、线性级、线性与对数乘积级、平方级、立方级、指数级等级别，对应量级表示依次为 $O(1)$、$O(\log_2 n)$、$O(n)$、$O(n\log_2 n)$、$O(n^2)$、$O(n^3)$、$O(2^n)$ 等。当 n 较大时，量级越靠前的算法，其运行时间越短或占用空间越少，也就是说算法的时间或者空间复杂度越好。

1.2 典型习题

一、单项选择题

1. 数据结构是指（　　）。
   A. 数据元素的组织形式　　　　　　B. 数据类型
   C. 数据存储结构　　　　　　　　　D. 数据定义
2. 数据在计算机存储器内表示时，物理地址与逻辑地址不相同的，称为（　　）。
   A. 存储结构　　　　　　　　　　　B. 逻辑结构
   C. 链式存储结构　　　　　　　　　D. 顺序存储结构
3. 树形结构是指数据元素之间存在一种（　　）。
   A. 一对一关系　　　　　　　　　　B. 多对多关系
   C. 多对一关系　　　　　　　　　　D. 一对多关系
4. 设语句 x++的时间是单位时间，则以下语句的时间复杂度为（　　）。
   ```
   for(i=1; i<=n; i++)
       for(j=i; j<=n; j++)
           x++;
   ```
   A. $O(1)$　　　　　　　　　　　　B. $O(n^2)$
   C. $O(n)$　　　　　　　　　　　　D. $O(n^3)$
5. 算法分析的目的是（1），算法分析的两个主要方面是（2）。
   （1）A. 找出数据结构的合理性　　　B. 研究算法中的输入和输出关系

  C. 分析算法的效率以求改进   D. 分析算法的易懂性和文档性
（2）A. 空间复杂度和时间复杂度 B. 正确性和简明性
  C. 可读性和文档性   D. 数据复杂性和程序复杂性

6. 计算机算法指的是（1），它具备输入、输出、(2)等5个特性。
（1）A. 计算方法   B. 排序方法
  C. 解决问题的有限运算序列 D. 调度方法
（2）A. 可行性、可移植性和可扩充性 B. 可行性、确定性和有穷性
  C. 确定性、有穷性和稳定性 D. 易读性、稳定性和安全性

7. 数据在计算机内有链式和顺序两种存储方式，在存储空间使用的灵活性上，链式存储比顺序存储要（ ）。
A. 低   B. 高
C. 相同   D. 不好说

8. 数据结构只是研究数据的逻辑结构和物理结构，这种观点（ ）。
A. 正确   B. 错误
C. 前半句对，后半句错   D. 前半句错，后半句对

9. 计算机内部数据处理的基本单位是（ ）。
A. 数据   B. 数据元素
C. 数据项   D. 数据库

二、简答题

1. 求下列程序段的时间复杂度。

（1）
```
x=0;
for(i=1;i<n;i++)
  for(j=i+1;j<=n;j++)
    x++;
```

（2）
```
int i,j,k;
for(i=0;i<n;i++)
  for(j=0;j<=n;j++)
    { c[i][j]=0;
      for(k=0;k<n;k++)
        c[i][j]=a[i][k]*b[k][j]
    }
```

（3）
```
fact(n)
{ if(n<=1)
    return (1);
  else
    return (n*fact(n-1));
}
```

2. 简述算法与程序的区别。

1.3 习题参考答案

一、单项选择题

1. A 2. C 3. D 4. B 5. C、A 6. C、B 7. B 8. B 9. B

二、简答题

1. （1）$O(n^2)$　　（2）$O(n^3)$　　（3）$O(n)$

2. 答：一个算法若用程序设计语言来描述，则它就是一个程序。一个程序不一定满足有穷性，例如操作系统，只要整个系统不遭破坏，它将永远不会停止，即使没有作业需要处理，它仍处于动态等待中，因此，操作系统不是一个算法。另一方面，程序中的指令必须是机器可执行的，而算法中的指令则无此限制。算法代表了对问题的解，而程序则是算法在计算机上的特定的实现。

第 2 章 线性表

2.1 基本知识点

（1）线性表：由 n（n≥0）个数据元素（结点）a_1，a_2，…，a_n 组成的有限序列。其中数据元素的个数 n 定义为表的长度。

（2）顺序表：采用顺序存储结构存放的线性表。

（3）单链表：采用链式存储结构存放的线性表。用一组任意的存储单元（连续或不连续）来存储线性表中的各个数据元素，每个元素要存储自身信息以及直接后继信息（即后继元素的存储位置）这两部分信息。

（4）首元结点：链表中存储线性表中第一个数据元素的结点。

（5）头指针：指向链表中第一个结点（头结点或首元结点）的指针。若链表中附设头结点，则不管线性表是否为空表，头指针均不为空，否则表示空表的头指针为空。

（6）头结点：在链表首元结点之前附设一个结点，该结点的数据域不存储数据元素，其作用是在对链表进行操作时，可以对空表、非空表的情况以及对首元结点进行统一处理。

如果在链表的开始结点之前附加一个结点，并称它为头结点，那么会带来以下两个优点：

① 由于开始结点的位置被存放在头结点的指针域中，所以在链表的第一个位置上的操作就和在表的其他位置上的操作一致，无须进行特殊处理；

② 无论链表是否为空，其头指针是指向头结点的非空指针（空表中头结点的指针域为空），因此空表和非空表的处理也就统一了。

（7）顺序表类型定义：

线性表的顺序存储是指在内存中用地址连续的一块空间顺次存放线性表的各元素，也就是用物理位置相邻来表现数据元素之间逻辑关系的相邻。

顺序表的类型定义如下：

```
typedef int datatype;
```

```
typedef struct
{ datatype data[MAXSIZE];
 int length;
}SeqList;
```

（8）顺序表的插入、删除操作：

在顺序表第 i 个元素前插入结点，需要把 i 到 n 的所有元素都向后移动一位，最后把新元素插入到第 i 个位置。

删除第 i 个元素时，需要将 i+1 到 n 的所有元素依次向前移动。移动顺序与插入操作相反，是从前向后进行，即从 i+1 到 n 依次向前移动一个位置。

（9）单链表类型定义：

用一组任意的存储单元（连续或不连续）来存储线性表的各个数据元素，每个元素要存储自身信息以及直接后继信息（即后继元素的存储位置）这两部分信息。一线性表的 n 个元素所对应的 n 个结点通过指针链接成一个链表。由于这种链表中每个结点只有一个指针域，故又称为单链表。

单链表的存储结构类型定义如下：

```
typedef struct node
{ datatype data;
 struct node *next;
}Lnode,*Linklist;
Linklist *head;
```

（10）单链表的插入、删除操作：

要在单链表中第 i 个元素前插入结点，或者删除第 i 个结点，都只需要修改第 i-1 个结点的 next 指针。所以进行插入、删除操作的主要工作就是找到第 i-1 个结点，这需要从头结点开始。

当在第一个元素前插入元素，或者删除第一个元素时，对于不带头结点的单链表，则需要修改头指针。这就是带头结点和不带头结点的单链表在进行运算时的主要区别。不带头结点的单链表在进行插入、删除运算时，在程序开始总是要判断是不是在表头进行操作；带头结点的单链表则不需要进行此操作。

（11）存储密度：结点数据本身所占的存储量和整个结点结构所占的存储总量之比，即存储密度=（结点数据本身所占的存储量）/（结点结构所占的存储总量）。

（12）顺序表和链表比较：

顺序表和链表各有短长。在实际应用中究竟选用哪一种存储结构呢？这要根据具体问题的要求和性质来决定。通常有以下几方面的考虑，见表 2-1。

表 2-1 顺序表和链表的比较

	顺 序 表	链 表
分配方式	静态分配。程序执行之前必须明确规定存储规模。若线性表长度 n 变化较大，则存储规模难以预先确定，估计过大将造成空间浪费，估计太小又将使空间溢出机会增多	动态分配。只要内存空间尚有空闲，就不会产生溢出。因此，当线性表的长度变化较大，难以估计其存储规模时，以采用动态链表作为存储结构为好

续表

	顺 序 表	链 表
存储密度	为1。当线性表的长度变化不大，易于事先确定其大小时，为了节约存储空间，宜采用顺序表作为存储结构	<1。每个结点的存储空间中有一部分空间用于存储指针域，这样就降低了存储密度
存取方式	随机存取结构。对表中任一结点都可在 O(1) 时间内直接取得线性表的操作主要是进行查找，很少作插入和删除操作时，采用顺序表作存储结构为宜	顺序存取结构。链表中的结点，需从头指针起顺着链扫描才能取得
插入、删除操作	在顺序表中进行插入和删除，平均要移动表中近一半的结点，尤其是当每个结点的信息量较大时，移动结点的时间开销就相当可观	在链表中的任何位置上进行插入和删除，都只需要修改指针。对于频繁进行插入和删除的线性表，宜采用链表作存储结构。若表的插入和删除主要发生在表的首尾两端，则采用尾指针表示的单循环链表为宜

（13）数组的顺序存储方式：由于计算机内存是一维的，多维数组的元素应排列成线性序列后存入存储器。数组一般不作插入和删除操作，即结构中元素个数和元素间关系不变化。一般采用顺序存储方法表示数组，采用行优先或者列优先存储。

（14）广义表：其是线性表的推广，是 n 个元素 a_1, a_2, …, a_n 的有限序列，其中 a_i 或者是原子或者是广义表。

（15）广义表的表头与表尾：若广义表 LS＝（a_1, a_2, …, a_n）非空，则 a_1 称为 LS 的表头。其余元素组成的表（a_2, …, a_n）称为 LS 的表尾。显然，表头可以是原子也可以是子表，表尾一定是子表。

（16）广义表的长度与深度：广义表最外面一层所包含的元素的个数称为广义表的长度。表的深度是指表展开后所含括号的层数。

2.2 典型习题

一、单项选择题

1. 一个向量（即一批地址连续的存储单元）第一个元素的存储地址是 100，每个元素的长度为 2，则第 5 个元素的地址是（　　）。
   A. 110　　　　　B. 108　　　　　C. 100　　　　　D. 120

2. 线性表的顺序存储结构是一种（　　）的存储结构，而链式存储结构是一种（　　）的存储结构。
   A. 随机存取　　　B. 索引存取　　　C. 顺序存取　　　D. 散列存取

3. 线性表若采用链式存储结构，要求内存中可用存储单元的地址（　　）。
   A. 必须是连续的　　　　　　　　B. 部分地址必须是连续的
   C. 一定是不连续的　　　　　　　D. 连续或不连续都可以

4. 不带头结点的单链表 head 为空的判定条件是（　　）。
   A. head==NULL　　　　　　　　B. head->next==NULL
   C. head->next==head　　　　　D. head!=NULL

5. 带头结点的单链表 head 为空的判定条件是（　　）。

A. head==NULL　　　　　　　　　　B. head->next==NULL
C. head->next==head　　　　　　　D. head!=NULL

6. 非空的循环单链表 head 的尾结点（由 p 所指向）满足（　　）。
A. p->next==NULL　　　　　　　　B. p==NULL
C. p->next==head　　　　　　　　D. p==head

7. 在双向循环链表的 p 所指结点之后插入 s 所指结点的操作是（　　）。
A. p->right=s; s->left=p; p->right->left=s; s->right=p->right;
B. p->right=s; p->right->left=s; s->left=p; s->right=p->right;
C. s->left=p; s->right=p->right; p->right=s; p->right->left=s;
D. s->left=p; s->right=p->right; p->right->left=s; p->right=s;

8. 在一个单链表中，若 p 所指结点不是最后结点，在 p 之后插入 s 所指结点，则执行（　　）。
A. s->next=p; p->next=s;　　　　　B. s->next=p->next; p->next=s;
C. s->next=p->next; p=s;　　　　　C. p->next=s; s->next=p;

9. 在一个单链表中，若删除 p 所指结点的后续结点，则执行（　　）。
A. p->next=p->next->next;　　　　B. p=p->next; p->next=p->next->next;
C. p->next=p->next;　　　　　　　D. p=p->next->next;

10. 设有一个 10 阶的对称矩阵 A，采用压缩存储方式，以行优先次序存储，a_{11} 为第一个元素，其存储地址为 1，每个元素占用一个地址空间，则 a_{85} 的地址为（　　）。
A. 13　　　　B. 18　　　　C. 33　　　　D. 40

二、填空题

1. 若经常需要对线性表进行插入和删除运算，则最好采用（　　）存储结构，若经常需要对线性表进行查找运算，则最好采用（　　）。

2. 对于一个长度为 n 的顺序存储的线性表，在表头插入元素的时间复杂度为（　　），在表尾插入元素的时间复杂度为（　　）。

3. 在一个单链表中的 p 所指结点之前插入一个 s 所指结点时，可执行如下操作：
s->next=(　　);p->next=s;t=p->data;p->data=(　　);s->data=(　　);

4. 一个广义表为(a,(a,b),d,e,((i,j),k))，则该广义表的长度为（　　），深度为（　　）。

5. 广义表((a),((b),c),(((d))))的表头是（　　），表尾是（　　）。

三、算法设计题

1. 编写一个算法将屏幕输入的字符存储到一个不带头结点的单链表中（创建不带头结点的单链表）。

2. 编写一个算法将屏幕输入的字符存储到一个带头结点的单链表中（创建带头结点的单链表）。

3. 编写算法，对单链表实现就地逆置。

4. 已知线性表 A 的长度为 n，并且采用顺序存储结构，写一算法删除线性表中所有值为 X 的元素。

5. 编写算法，删除单链表中值相同的多余结点，即若链表中有多个结点具有相同的数据值域，只保留其中一个结点，使最后得到的链表中的所有结点的数据域都不相同。

6. 编写算法把链表 A 和 B 合并为 C，A 和 B 的元素间隔排列，且使用原存储空间。

7. 已知两个单链表 A 和 B 分别表示两个集合，其元素递增排列，编写算法求出 A 和 B 的交集 C，要求 C 同样以元素递增的单链表形式存储。

2.3 习题参考答案

一、单项选择题

1. B 2. A C 3. D 4. A 5. B 6. C 7. D 8. B 9. A 10. C

二、填空题

1. 链式，顺序　　2. O(n),O(1)　　3. p->next,s-data,t
4. 5，3　　5. (a),(((b),c),(((d))))

三、算法设计题

1. /*创建不带头结点的单链表*/
```
linklist creater( )
{ char ch;
  LinkList head;
  Listnode *p,*r;        //(, *head;)
  head=NULL;r=NULL;
  while((ch=getchar( )!='\n'){
      p=(Listnode *)malloc(sizeof(Listnode));
      p->data=ch;
      if(head==NULL)      //判断是否是第一个结点
         { head=p; r=head;}
      else
         r->next=p;
         r=p;
  }
    if (r!=NULL)
        r->next=NULL;
    return(head);  }
```

2. /*创建带头结点的单链表*/
```
LinkList createlistr( )
{
  char ch;
```

```
   LinkList head=(linklist)malloc(sizeof(listnode));   //申请头结点
    Listnode *p,*r
    r=head;
    while((ch=getchar( ))!='\n'{
        p=(listnode*)malloc(sizeof(listnode));
        p->data=ch;
        r->next=p;
        r=p;
    }
    r->next=NULL;
    return(head);
}
```

3. /* 链表的就地逆置,为简化算法,假设表长大于2*/
```
void LinkList_reverse(Linklist L)    //带头结点的单链表
{Listnode *p,*q,*r;
 p=L->link;if(p==NULL) return;        //空链表
 q=p->link; if(q==NULL) return;       //链表中只有一个结点
 r=q->link;
 while(r!=NULL)             //逆置的过程
   {q->link=p;
    p=q;
    q=r;
    r=r->link;}
  q->link=p;              //最后两个结点逆置
  L->link->link=NULL;
  L->link=q;              //将头指针指向最后一个结点
}
```

4. /*删除顺序表中所有值为 x 的元素*/
```
Del (sqlist L,datatype x)
{int i,j;
 for(i=0;i<L->n;i++)
   if(L->data[i]==x)          //找到值等于 x 的元素
    {for(j=i;j<L->n;j++)       //将后面跟的所有元素提前一个位置,将 x 覆盖
        L->data[j]=L->data[j+1];
     L->n--;
     i--;          //检测是否有两个以上连续相同的元素
    }
}
```

5. 分析:从链表中第 1 个元素开始,查找其后与其相同的所有结点,将它们删除,再对

第2个元素作相同的处理，依此类推。

```
/*删除单链表中值相同的多余结点*/
  Diff_link(LinkList llist)
  {Llistnode *p,*q,*r;
   p=llist->link;
   while( p!=NULL)
      {q=p;
        r=q->link;
          while(r!=NULL)
             {if(r->info==p->info)
               {t=r->link;
                 q->link=t;
                  free(r);
                   r=t;
                }
                else {q=r;r=r->link;}
     }
        p=p->link
}}
```

6. /*把链表A和B合并为C，A和B的元素间隔排列，且使用原存储空间*/
```
void merge1(LinkList A,LinkList B,LinkList C)
 {Listnode *p,*q,*s,*t;
  p=A->next;q=B->next;C=A;
  while(p&&q)
  {
   s=p->next;p->next=q;  //将B的元素插入
     t=q->next;q->next=s;  //如A非空,将A的元素插入
    p=s;q=t;
  }//while
 }//merge1
```

7. /*求两个单链表的交集*/
```
LinkList Intersect(LinkList A,LinkList B)
{Listnode* p,*q,*r,*s;
 LinkList C;
 C=(Listnode*)malloc(sizeof(Listnode));
 C->next=NULL;
 r=C;
 p=A;
 q=B;
```

```
while(p&&q)
  if(p->data<q->data) p=p->next;
  else if (p->data==q->data)    //将交集中的元素插入到C链表中
       {s=(Listnode*)malloc(sizeof(Listnode));
        s->data=p->data;
        r->next=s;
r=s;
p=p->data;
q=q->data;
}
else   q=q->data;
 r->next=NULL;
 C=C->next;
return C;
}
```

第3章 串

3.1 基本知识点

（1）串（string，又称字符串）：一种特殊的线性表，它的每个结点仅由一个字符组成。串是由零个或多个字符组成的有限序列，一般记为 $S="a_1a_2 \cdots a_n"$。将串值括起来的双引号本身不属于串，它的作用是避免串与常数或与标识符混淆。

（2）空串（empty string）：长度为零的串称为空串，它不包含任何字符。仅由一个或多个空格组成的串称为空白串（blank string）。" "和""分别表示长度为1的空白串和长度为0的空串。

（3）子串与主串：串中任意个连续字符组成的子序列称为该串的子串。包含子串的串相应地称为主串。

① 空串是任意串的子串；
② 任意串是其自身的子串。

（4）串变量和串常量：串变量和其他类型的变量一样，其取值是可以改变的。串常量和整常数、实常数一样，在程序中只能被引用，但不能改变其值，即只能读不能写。

（5）字符串的存储方法：类似于顺序表，字符串的存储是用一组地址连续的存储单元存储串值中的字符序列，其定长是指预定义的大小，为每一个串变量分配一个固定长度的存储区。例如：

```
#define MAXSIZE 256
char s[MAXSIZE];
```

标识串的实际长度的方法有以下两种：

① 类似顺序表，用一个指针来指向最后一个字符。
② 在串尾存储一个不会在串中出现的特殊字符作为串的终结符，C语言中用'\0'表示串的结束。

（6）模式匹配：

串的模式匹配（即子串定位）是一种重要的串运算。设 s 和 t 是给定的两个串，在主串 s 中查找子串 t 的过程称为模式匹配，如果在 s 中找到等于 t 的子串，称匹配成功，函数返回 t 在 s 中首次出现的存储位置，否则匹配失败，返回 0。

① 简单的模式匹配算法：

首先，将 s_1 与 t_1 进行比较，若不同，将 s_2 与 t_1 进行比较，直到 s 的某一个字符 s_i 和 t_1 相同，再将它们之后的字符进行比较，若也相同，则如此继续往下比较，当 s 的某一个字符 s_i 与 t 的字符 t_j 不相同时，则 s 返回到本趟开始字符的下一个字符，t 返回到 t_1，继续开始下一趟比较，重复上述过程。若 t 中的字符全部比完，则说明本趟匹配成功，本趟的起始位置是 i-j+1，否则，匹配失败。

② KMP 算法：

设 next 函数值已经求出并存放在数组 next 中，即 next[j]=next(j)。在求得模式的 next 函数之后，匹配按如下规则进行：假设以指针 i 和 j 分别指示主串和模式中的比较字符，令 i 的初值为 pos，j 的初值为 1。若在匹配过程中 $s_i==t_j$，则 i 和 j 分别向后移动一个字符，若 $s_i \neq t_j$，则匹配失败，于是 i 不变，j 退到 next[j]位置再比较，若相等，则指针各自增 1，否则，j 再退到当前 j 的 next[j]值的位置，依此类推，直到出现下列两种情况：一种是 j 退到某个 next 值时字符比较相等，则 i 和 j 分别增 1 继续进行匹配；另一种是 j 退到值为零，则此时 i 和 j 也要分别增 1，表明从主串的下一个字符起和模式的第一个字符重新开始匹配。

3.2 典型习题

一、单项选择题

1. 空串与由空格字符组成的串的区别在于（　　）。
   A. 没有区别　　　　　　　　　　B. 两串的长度不相等
   C. 两串的长度相等　　　　　　　D. 两串包含的字符不相同

2. 一个子串在包含它的主串中的位置是指（　　）。
   A. 子串的最后那个字符在主串中的位置
   B. 子串的最后那个字符在主串中首次出现的位置
   C. 子串的第一个字符在主串中的位置
   D. 子串的第一个字符在主串中首次出现的位置

3. 下面的说法中，只有（　　）是正确的。
   A. 字符串的长度是指串中包含的字母的个数
   B. 字符串的长度是指串中包含的不同字符的个数
   C. 若 T 包含在 S 中，则 T 一定是 S 的一个子串
   D. 一个字符串不能说是其自身的一个子串

4. 两个字符串相等的条件是（　　）。
   A. 两串的长度相等
   B. 两串包含的字符相同
   C. 两串的长度相等，并且两串包含的字符相同

D. 两串的长度相等，并且对应位置上的字符相同

5. 若 SUBSTR(S,i,k)表示求 S 中从第 i 个字符开始的连续 k 个字符组成的子串的操作，则对于 S="Beijing&Nanjing"，SUBSTR(S,4,5)=（   ）。

  A. "ijing"   B. "jing&"

  C. "ingNa"   D. "ing&N"

6. 串是一种特殊的线性表，其特殊性体现在（   ）。

  A. 可以顺序存储   B. 数据元素是一个字符

  C. 可以链式存储   D. 数据元素可以是多个字符

7. 若 REPLACE(S,S1,S2)表示用字符串 S2 替换字符串 S 中的子串 S1 的操作，则对于 S="Beijing&Nanjing"，S1="Beijing"，S2="Shanghai"，REPLACE(S,S1,S2)=（   ）。

  A. "Nanjing&Shanghai"   B. "Nanjing&Nanjing"

  C. "ShanghaiNanjing"   D. "Shanghai&Nanjing"

8. 在长度为 n 的字符串 S 的第 i 个位置插入另外一个字符串，i 的合法值应该是（   ）。

  A. i>0   B. i≤n   C. 1≤i≤n   D. 1≤i≤n+1

9. 字符串采用结点大小为 1 的链表作为其存储结构，是指（   ）。

  A. 链表的长度为 1

  B. 链表中只存放 1 个字符

  C. 链表的每个链结点的数据域中不仅只存放了一个字符

  D. 链表的每个链结点的数据域中只存放了一个字符

二、算法设计题

1. 采用顺序结构存储串 s，编写一个函数删除 s 中第 i 个字符开始的 j 个字符。

2. 已知一个串 s，采用链式存储结构存储，设计一个算法判断其所有元素是否为递增排列的。

3.3 习题参考答案

一、选择题

1. B 2. D 3. C 4. D 5. B 6. B 7. D 8. C 9. D

二、算法设计题

1. 分析：先判断 s 串中要删除的内容是否存在，若存在则将第 i+j-1 之后的字符前移 j 个位置。

```
/*删除串 s 中第 i 个字符开始的 j 个字符*/
typedef struct
{ char ch[maxlen];
 Int len;
}string
```

```
   string  *delij(string *s,int i,int j)
   { int k;
    If(i+j<s.len)
     for((k=I;k<i+j-1;k++)
       s.ch[k]=s.ch[k+j];
       s.len-=j;
     return s;
    else printf("无法进行删除操作\n");
    }
```

2. /*判断链串中所有元素是否为递增排列的*/
```
typede struct node
 { char data;
  struct node *next;
  }Lstring;
 int increase(Lstring *s)
 {Lstring *p=s->next,*q;
  If(p!=NULL)
   {while(p->next!=NULL)
    {q=p->next;
     If(q->data>p->data)
      p=q;
     else
     return 0;
    }
  }
 return 1;
 }
```

第 4 章 栈与队列

4.1 基本知识点

（1）栈（stack）：限制仅在表的一端进行插入和删除运算的线性表。
① 通常称插入、删除的这一端为栈顶（top），另一端为栈底（bottom）。
② 当表中没有元素时称为空栈。
③ 栈为后进先出（Last In First Out）的线性表，简称为 LIFO 表。
栈的修改是按后进先出的原则进行的。每次删除（退栈）的总是当前栈中"最新"的元素，即最后插入（进栈）的元素，而最先插入的被放在栈的底部，要到最后才能被删除。
（2）顺序栈：栈的顺序存储结构简称为顺序栈，它是运算受限的顺序表。
① 顺序栈中元素用向量存放。
② 栈底位置是固定不变的，可设置在向量两端的任意一个端点。
③ 栈顶位置是随着进栈和退栈操作而变化的，用一个整型量 top（通常称 top 为栈顶指针）来指示当前栈顶位置。
顺序栈的类型描述如下：
#define MAXSIZE 1024   /*设栈的最大长度为1024,可根据实际情况进行修改*/
typedef struct
{ datatype data[MAXSIZE];
  int top;
}SeqStack;
定义一个指向顺序栈的指针：SeqStack *S；
（3）进栈操作：进栈时，需要将 S->top 加 1。
① "S->top=MAXSIZE -1" 表示栈满。
② "上溢"现象——当栈满时，再作进栈运算产生空间溢出的现象。
（4）退栈操作：退栈时，需将 S->top 减 1。

① "S->top<0"表示空栈。

② "下溢"现象——当栈空时，作退栈运算产生的溢出现象。"下溢"是正常现象，常用作程序控制转移的条件。

（5）两个栈共享同一存储空间：

当程序中同时使用两个栈时，栈顶指针分别为top1和top2，可以将两个栈的栈底设在向量空间的两端，让两个栈各自向中间延伸。当一个栈里的元素较多，超过向量空间的一半时，只要另一个栈的元素不多，那么前者就可以占用后者的部分存储空间。当top1=top2-1时，栈满。

（6）链栈：没有附加头结点的运算受限的单链表。栈顶指针就是链表的头指针。链栈中的结点是动态分配的，所以可以不考虑"上溢"，无须定义StackFull运算。链栈的类型可描述如下：

```
typedef struct snode
{ datatype data;
  struct snode *next;
} StackNode,*LinkStack;
LinkStack top;/*定义top为栈顶指针*/
```

（7）队列（queue）：只允许在一端进行插入，而在另一端进行删除的运算受限的线性表。允许删除的一端称为队头（front），允许插入的一端称为队尾（rear），当队列中没有元素时称为空队列，队列亦称作先进先出（First In First Out）的线性表，简称为FIFO表。

（8）顺序队列：队列的顺序存储结构称为顺序队列，顺序队列实际上是运算受限的顺序表。

顺序队列的类型定义如下：

```
define MAXSIZE 1024
typedef struct
{ datatype data[MAXSIZE];
  int rear,front;
} SeQueue;
```

定义一个指向队列的指针变量：SeQueue *sq；

申请一个顺序队列的存储空间：sq=(SeQueue *)malloc(sizeof(SeQueue))；

（9）循环队列：为充分利用向量空间，克服"假上溢"现象的方法是：将向量空间想象为一个首尾相接的圆环，并称这种向量为循环向量。存储在其中的队列称为循环队列（circular queue）。

循环队列中进行出队、入队操作时，头、尾指针仍要加1，朝前移动。只不过当头、尾指针指向向量上界（QueueSize-1）时，其加1操作的结果是指向向量的下界0。这种循环意义下的加1操作可以描述为：i=(i+1)%QueueSize；

入队列的操作为：sq->rear=(sq->rear+1)% MAXSIZE；

出队列的操作为：sq->front=(sq->front+1)%MAXSIZE；

循环队列中，由于入队时尾指针向前追赶头指针；出队时头指针向前追赶尾指针，造成队空和队满时头、尾指针均相等。因此，无法通过条件"front==rear"来判别队列是"空"

还是"满"。

解决这个问题的方法至少有 3 种：

① 另设一布尔变量以区别队列的空和满。

② 少用一个元素的空间。约定入队前，测试尾指针在循环意义下加 1 后是否等于头指针，若相等则认为队满（注意：rear 所指的单元始终为空）。

③ 使用一个计数器记录队列中元素的总数（即队列长度）。

（10）递归：若在一个函数、过程或者数据结构定义的内部，直接（或间接）出现定义本身的应用，则称它们是递归的，或者是递归定义的。

调用函数时，系统将会为调用者构造一个由参数表和返回地址组成的活动记录，并将其压入到由系统提供的运行时刻栈的栈顶，然后将程序的控制权转移到被调函数。若被调函数有局部变量，则在运行时刻栈的栈顶也要为其分配相应的空间。因此，活动记录和这些局部变量形成了一个可供被调函数使用的活动结构。

4.2 典型习题

一、单项选择题

1. 栈和队列的共同点是（　　）。

   A. 都是先进后出　　　　　　　　　B. 都是先进先出

   C. 只允许在端点处插入和删除元素　　D. 没有共同点

2. 设有一个栈，元素的进栈次序为 A，B，C，D，E，下列不可能的出栈序列是（　　）。

   A. A，B，C，D，E　　　　　　　　B. B，C，D，E，A

   C. E，A，B，C，D　　　　　　　　D. E，D，C，B，A

3. 若已知一个栈的进栈序列是 1，2，3，…，n，其输出序列为 p1，p2，p3，…，pn，若 p1=n，则 pi 为（　　）。

   A. i　　　　　　　　　　　　　　　B. n-i

   C. n-i+1　　　　　　　　　　　　　D. 不确定

4. 在一个具有 n 个单元的顺序栈中，假定以地址低端（即 0 单元）作为栈底，以 top 作为栈顶指针，当作出栈处理时，top 变化为（　　）。

   A. top 不变　　　　　　　　　　　　B. top=0

   C. top--　　　　　　　　　　　　　D. top++

5. 向一个栈顶指针为 hs 的链栈中插入一个 s 结点时，应执行（　　）。

   A. hs->next=s;　　　　　　　　　　B. s->next=hs; hs=s;

   C. s->next=hs->next; hs->next=s;　　D. s->next=hs; hs=hs->next;

6. 在具有 n 个单元的顺序存储的循环队列中，假定 front 和 rear 分别为队头指针和队尾指针，则判断队满的条件为（　　）。

   A. rear%n==front　　　　　　　　　B. (front+1)%n==rear

   C. rear%n-1==front　　　　　　　　D. (rear+1)%n==front

7. 在具有 n 个单元的顺序存储的循环队列中，假定 front 和 rear 分别为队头指针和队尾指针，则判断队空的条件为（   ）。

    A. rear%n==front   B. front+l=rear

    C. rear==front   D. (rear+l)%n=front

8. 在一个链队列中，假定 front 和 rear 分别为队首指针和队尾指针，则删除一个结点的操作为（   ）。

    A. front=front->next   B. rear=rear->next

    C. rear=front->next   D. front=rear->next

二、算法设计题

1. 设有两个栈都采用顺序存储表示，并且共用一个存储区，现采用栈顶相对，迎面增长的方式存储，写出对两个栈进行插入删除的操作。

2. 有如下递归算法：
```
Void print(int w)
  {int I;
    if(w!=0)
      {print(w-1);
        for(I=1;I<=w;I++)

          printf("%3d",w);
        printf("\n");
      }
  }
```
写出 print(4)的结果是多少。

4.3 习题参考答案

一、单项选择题

1. C 2. C 3. C 4. C 5. B 6. D 7. C 8. A

二、算法设计题

1. 分析：两个栈的栈底分别设在数组的两个断点，用两个指针指示两个栈的栈顶，两个栈迎面增长，当两个栈顶相遇时发生溢出。
```
#define maxsize 100
typedef struct tstack
{datatype data[maxsize];
int top1,top2;
int stacksize;
}tstack;
```

（1）初始化算法：
```
State initstack(tstack *ts)
{ts=(tstack*)malloc(sizeof(sturct tstack));
  if(ts==NULL)
    printf("out of space\\n");
ts->stacksize=maxsize;
ts->top1=-1;
ts->top2=maxsize;
return OK;
}
```

（2）入栈算法：
```
Push(tstack *ts,int I,datatype x)
{if(top1==top2)return(overflow);
if(I==0)
{top1++;
  ts->data[ts->top1]=x;
  }
else
{top2--;
 ts->data[ts->top2]=x;
  }
retrun ok;
}
```

（3）出栈算法：
```
Pop(tstack *ts,int I,datatype x)
{if(I==0)
 {if(top1==-1) return error;
x=ts->data[ts->top1];
top1--;
}else
{if(top2==maxsize) return error;
x=ts->data[ts->top2];
top2++;
}
return x;
}
```

2. print(4)的结果如下：

```
1
2   2
3   3   3
4   4   4   4
```

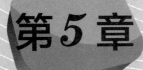

第5章 树和二叉树

5.1 基本知识点

1. 树

（1）树（tree）：n（n≥0）个有限数据元素的集合。

在任意一棵非空树 T 中：有且仅有一个特定的称为树根（root）的结点，根结点无前趋结点；当 n>1 时，除根结点之外的其余结点被分成 m（m>0）个互不相交的集合 T_1，T_2，…，T_m，其中每一个集合 T_i（1≤i≤m）本身又是一棵树，并且称为根的子树。

（2）结点的度：结点所拥有的子树的个数。

树的度：树中所有结点的度的最大值。

（3）叶子结点：度为 0 的结点，也称为终端结点。

分支结点：度不为 0 的结点，也称为非终端结点。

（4）孩子、双亲：树中某结点的子树的根结点称为这个结点的孩子结点，这个结点称为它的孩子结点的双亲结点。

兄弟：具有同一个双亲的孩子结点互称为兄弟。

（5）路径：如果树的结点序列 n_1，n_2，…，n_k 有如下关系：结点 n_i 是 n_{i+1} 的双亲（1≤i<k），则把 n_1，n_2，…，n_k 称为一条由 n_1 至 n_k 的路径；路径上经过的边的个数称为路径长度。

（6）祖先、子孙：在树中，如果有一条路径从结点 x 到结点 y，那么 x 就称为 y 的祖先，而 y 称为 x 的子孙。

（7）结点所在层数：根结点的层数为 1；对其余任何结点，若某结点在第 k 层，则其孩子结点在第 k+1 层。

树的深度：树中所有结点的最大层数，也称为高度。

（8）层序编号：将树中结点按照从上层到下层、同层从左到右的次序依次给它们编以从 1 开始的连续自然数序号。

(9) 有序树、无序树：如果一棵树中结点的各子树从左到右是有次序的，称这棵树为有序树；反之，称其为无序树。数据结构中讨论的一般都是有序树。

(10) 树通常有前序（根）遍历、后序（根）遍历和层序（次）遍历3种方式（树，不是二叉树）。

2. 二叉树

(1) 二叉树的定义：二叉树是 n（$n \geq 0$）个结点的有限集合，该集合或者为空集（称为空二叉树），或者由一个根结点和两棵互不相交的、分别称为根结点的左子树和右子树的二叉树组成。

(2) 满二叉树：在一棵二叉树中，所有分支结点都存在左子树和右子树，并且所有叶子都在同一层上。

(3) 满二叉树的特点：叶子只能出现在最下一层；只有度为 0 和度为 2 的结点。

(4) 完全二叉树：对一棵具有 n 个结点的二叉树按层序编号，编号为 i（$1 \leq i \leq n$）的结点与同样深度的满二叉树中编号为 i 的结点在二叉树中的位置完全相同。

(5) 完全二叉树的特点：

① 在满二叉树中，从最后一个结点开始，连续去掉任意个结点，即一棵完全二叉树。

② 叶子结点只能出现在最下两层，且最下层的叶子结点都集中在二叉树的左部。

③ 完全二叉树中如果有度为 1 的结点，只可能有一个，且该结点只有左孩子。

④ 深度为 k 的完全二叉树在 k−1 层上一定是满二叉树。

(6) 二叉树的性质：

性质 1：二叉树的第 i 层上最多有 $2^{i}-1$ 个结点（$i \geq 1$）。

性质 2：一棵深度为 k 的二叉树中，最多有 $2^{k}-1$ 个结点，最少有 k 个结点。深度为 k 且具有 $2^{k}-1$ 个结点的二叉树一定是满二叉树

性质 3：在一棵二叉树中，如果叶子结点数为 n_0，度为 2 的结点数为 n_2，则有：$n_0=n_2+1$。（一个结点的度就是它放出的射线）

性质 4：具有 n 个结点的完全二叉树的深度为 $\lfloor \log_2 n \rfloor +1$。

性质 5：对一棵具有 n 个结点的完全二叉树中从 1 开始按层序编号，则对于任意的序号为 i（$1 \leq i \leq n$）的结点（简称为结点 i），有：

① 如果 i>1，则结点 i 的双亲结点的序号为 $\lfloor i/2 \rfloor$；如果 i=1，则结点 i 是根结点，无双亲结点。

② 如果 $2i \leq n$，则结点 i 的左孩子的序号为 2i；如果 2i>n，则结点 i 无左孩子。

③ 如果 $2i+1 \leq n$，则结点 i 的右孩子的序号为 2i+1；如果 2i+1>n，则结点 i 无右孩子。

3. 二叉树的存储结构

(1) 顺序存储结构：为了能够反映出结点之间的逻辑关系，必须将它补成完全二叉树，对修补后的完全二叉树，用一维数组进行存储，原二叉树中空缺的结点在数组中的相应单元必须置空。

(2) 链式存储结构：

① 二叉链表（图 5-1）：

```
typedef struct Node {
  datatype data;
  struct Node *lchild, *rchild;
} BTNode, *BinTree;
```

图 5-1　二叉链表

在链式存储结构中，含有 n 个结点的二叉链表有 n+1 个空链域。

③ 三叉链表（图 5-2）：

```
typedef struct Node {
  datatype data;
  struct Node *lchild, *rchild, *parent;
} BTNode, *BinTree;
```

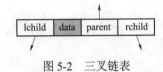

图 5-2　三叉链表

4. 二叉树的遍历（递归调用与访问的顺序不同而产生不同的遍历方法）

二叉树的遍历是指按照某种顺序访问二叉树中的每个结点，使每个结点被访问一次且仅被访问一次。遍历操作使非线性结构线性化。

（1）先序遍历：若二叉树非空，则访问根结点，先根遍历左子树，后根遍历右子树。

（2）中序遍历：若二叉树非空，则中根遍历左子树，访问根结点，中根遍历右子树。

（3）后序遍历：若二叉树非空，则后根遍历左子树，后根遍历右子树，访问根结点。

（4）层序遍历：从二叉树的根结点开始，按自上而下，从左到右的顺序进行遍历。

5. 森林与二叉树的转换

（1）树或者森林转换为二叉树：树的根，仍作为二叉树的根，结点的长子，转化为二叉树中该结点的左孩子，各个兄弟结点作为其前一兄弟结点的右子树的根结点。

（2）二叉树转换为树或者森林：二叉树的根，仍作为树的根，结点的左孩子转换为该结点的长子，结点的右孩子转换为该结点的右兄弟结点。

（3）根据树与二叉树的转换关系以及二叉树的遍历定义可以推知，树的先序遍历与其转换的相应的二叉树的先序遍历的结果序列相同；树的后序遍历与其转换的二叉树的中序遍历的结果序列相同。

6. 线索二叉树

利用二叉链表中剩余的 n+1 个空指针域来存放遍历过程中结点的前驱和后继的指针，这种附加的指针称为"线索"，相应的二叉树称为"线索二叉树"。

7. 哈夫曼树

（1）哈夫曼树的基本概念：给定一组具有确定权值的叶子结点，带权路径长度最小的二叉树。

（2）哈夫曼树的特点：
① 权值越大的叶子结点越靠近根结点，而权值越小的叶子结点越远离根结点。
② 只有度为 0（叶子结点）和度为 2（分支结点）的结点，不存在度为 1 的结点。

（3）哈夫曼树（哈夫曼编码）的构造算法思想及构造过程：

将开始给定的 n 个权值看作只有根结点的 n 棵二叉树，每次合并是将选出的两棵根结点的权值最小的树分别作为左、右子树合并成一棵新树，为了保证新树是二叉树，需要增加一个新结点作为新树的根结点，新树的权值为其左、右子树根结点的权值之和，这样的合并进行 n–1 次后，最后的二叉树就是哈夫曼树。

在哈夫曼树中把从每个结点引向其左子女的边上标上 0；把从每个结点引向其右子女的边上标上 1。从根结点到叶子结点的路径上的数字拼接起来就是这个叶子结点字符的编码。

5.2 典型习题

一、单项选择题

1. 树最适合用来表示（　　）。
   A. 有序数据元素　　　　　　　　　　B. 无序数据元素
   C. 元素之间具有分支层次关系的数据　D. 元素之间无联系的数据

2. 设高度为 h（根的高度为 1）的二叉树上只有度为 0 和度为 2 的结点，则此类二叉树中所包含的结点数至少为（　　）。
   A. 2h　　　　　B. 2h–1　　　　　C. 2h+1　　　　　D. h+1

3. 若一棵二叉树具有 10 个度为 2 的结点、5 个度为 1 的结点，则度为 0 的结点的个数是（　　）。
   A. 9　　　　　B. 11　　　　　C. 15　　　　　D. 不能确定

4. 由权值分别为 3、8、6、2、5 的叶子结点生成一棵哈夫曼树,它的带权路径长度为（　　）。
   A. 24　　　　　B. 48　　　　　C. 72　　　　　D. 53

5. 线索二叉树是一种（　　）结构。
   A. 逻辑　　　　B. 逻辑和存储　　　C. 物理　　　　D. 线性

6. 对于满二叉树，共有 n 个结点，其中 m 个为叶子结点，深度为 h，则（　　）。
   A. n=h+m　　　B. 2n=h+m　　　C. m=h–1　　　D. $n=2^h-1$

7. 用顺序存储的方法将完全二叉树中的所有结点逐层存放在数组 R[1..n]中，结点 R[i]若有左孩子，其左孩子的编号为结点（　　）。
   A. R[2i+1]　　　B. R[2i]　　　C. R[i/2]　　　D. R[2i–1]

8. 设 n，m 为一棵二叉树上的两个结点，在中序遍历序列中 n 在 m 前的条件是（　　）。
   A. n 在 m 右方　　B. n 在 m 左方　　C. n 是 m 的祖先　　D. n 是 m 的子孙

9. 如果F是由有序树T转换而来的二叉树,那么T中结点的前序就是F中结点的(　　)。
   A. 中序　　　　　B. 前序　　　　　C. 后序　　　　　D. 层次序
10. 任何一棵二叉树的叶子结点在先序、中序和后序遍历序列中的相对次序(　　)。
    A. 不发生改变　　B. 发生改变　　　C. 不能确定　　　D. 以上都不对
11. 若二叉树的先序序列和后序序列正好相同,则二叉树一定是(　　)的二叉树。
    A. 空或只有一个结点　　　　　　　B. 高度等于其结点数
    C. 任意结点无左孩子　　　　　　　D. 任意结点无右孩子

二、简答题

1. 在一棵度为 m 的树中,度为 1 的结点数为 n_1,度为 2 的结点数为 n_2,……,度为 m 的结点数为 n_m,则该数中含有多少个叶子结点?含有多少个非终端结点?

2. 一棵含有 n 个结点的 k 叉树,可能达到的最大深度和最小深度各为多少?

3. 将图 5-3 所示的树转换为二叉树。

4. 假定用于通信的电文由 8 个字母 A、B、C、D、E、F、G、H 组成,各字母在电文中出现的概率为 5%、25%、4%、7%、9%、12%、30%、8%,试为这 8 个字母设计哈夫曼编码。

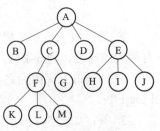

图 5-3　题图 5.1

5. 假设一棵二叉树的先序遍历序列为 EBADCFHGIKJ,中序遍历序列为 ABCDEFGHIJK,请写出该二叉树的后序遍历序列。

6. 假设一棵二叉树的后序遍历序列为 DCEGBFHKJIA,中序遍历序列为 DCBGEAHFIJK,请写出该二叉树的先序遍历序列。

三、算法设计题

1. 求二叉树中叶子结点的数目。
2. 有 n 个结点的完全二叉树存放在一维数组 A[1,…,n]中,试据此建立一棵用二叉链表表示的二叉树。
3. 以二叉链表为存储结构,写出求二叉树高度的算法。

5.3 习题参考答案

一、单项选择题

1. C　2. B　3. B　4. D　5. C　6. D　7. B　8. B　9. B　10. A　11. A

二、简答题

1. 答:设度为 0 的结点(即终端结点)数目为 n_0,树中的分支数为 B,树中总的结点数为 N,则有:

(1) 从结点的度考虑。

$$N=n_0+ n_1+ n_2+\cdots+n_m$$

（2）从分支数目考虑。一棵树中只有一个根结点，其他的均为孩子结点，而孩子结点可以由分支数得到，所以有：

$$N=B+1=0\times n_0+1\times n_1+2\times n_2+\cdots+m\times n_m+1$$

由以上两式，可得

$$n_0+ n_1+ n_2+\cdots+n_m=0\times n_0+1\times n_1+2\times n_2+\cdots+m\times n_m+1$$

从而可导出叶子结点的数目为：

$$n_0=0\times n_1+1\times n_2+\cdots+(m-1)\times n_m+1$$

继而可以得到非终端结点的数目为：

$$N-n_0=n_1+ n_2+\cdots+n_m$$

2. 答：（1）当 k 叉树中只有一层的分支数为 k，其他层的分支数均为 1 时，此时的树具有最大的高度，为 n–k+1。

（2）当该 k 叉树为完全 k 叉树时，其深度最小。参照二叉树的性质 4 可知，其深度为：$\lfloor \log_k n \rfloor+1$。

3. 答：如图 5-4 所示。

4. 答：根据题意，设这 8 个字母对应的权值分别为 5、25、4、7、9、12、30、8，并且 n=8。

（1）设计哈夫曼树，如图 5-5 所示。

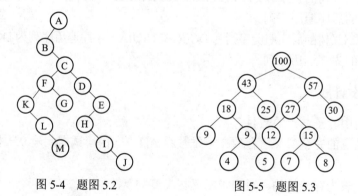

图 5-4　题图 5.2　　　　　图 5-5　题图 5.3

（2）设计哈夫曼编码。

对上面得到的哈夫曼树规定左分支用 0 表示，右分支用 1 表示，字母 A、B、C、D、E、F、G、H 的哈夫曼编码如下：

A:0011　　　B:01　　　　C:0010　　　D:1010
E:000　　　　F:100　　　 G:11　　　　H:1011

5. 答：后序遍历序列为 ACDBGJKIHFE。

6. 答：先序遍历序列为 ABCDGEIHFJK。

三、算法设计题

1. /*二叉树中叶子结点的数目*/

```
int leafnum=0;        //定义计数器 leafnum 为全局变量
void countleaf(BinTree t)
{if(t==null)
  return 0;
 if(t->lchild==null &&t->rchild==null)
 {leafnum++;}
 else
 {countleaf(t->lchild);
  countleaf(t->rchild);}}
```

2. /*建立一棵用二叉链表表示的二叉树*/
```
BinTree create(datatype A[ ],int i)     //初始调用时 i=1
 { BinTree T;
  if(i<=n)
    {T=(BinTree)malloc(sizeof(BTNode));
     T->data=A[i];
     if(2*i>n)   T->lchild=NULL;
     else T->lchild=create(A,2*i);
     if(2*i+1>n)   T->rchild=NULL;
     else T->rchild=create(A,2*i+1);
    }
  return(T);
 }
```

3. /*求二叉树高度的算法*/
```
int high(BinTree T)
 {int h1,h2;
  if(T==NULL)
  return(0);
  else
  { h1=high(T->lchild);
   h2=high(T->rchild);
   if(h1>h2)  return(h1+1);
   else return(h2+1);
  }
 }
```

第6章 查找

6.1 基本知识点

1. 顺序查找

顺序查找是一种最简单的查找方法。其基本思想是将查找表作为一个线性表,可以是顺序表,也可以是链表,依次用查找条件中给定的值与查找表中数据元素的关键字值进行比较,若某个记录的关键字值与给定值相等,则查找成功,返回该记录的存储位置,反之,若直到最后一个记录,其关键字值与给定值均不相等,则查找失败,返回查找失败标志。

2. 折半查找

折半查找要求查找表用顺序存储结构存放且各数据元素按关键字有序(升序或降序)排列,也就是说折半查找只适用于对有序顺序表进行查找。

折半查找的基本思想是:首先以整个查找表作为查找范围,用查找条件中给定值 k 与中间位置结点的关键字值比较,若相等,则查找成功,否则,根据比较结果缩小查找范围,如果 k 的值小于关键字值,根据查找表的有序性可知查找的数据元素只有可能在表的前半部分,即在左半部分子表中,所以继续对左子表进行折半查找;若 k 的值大于中间结点的关键字值,则可以判定查找的数据元素只有可能在表的后半部分,即在右半部分子表中,所以应该继续对右子表进行折半查找。每进行一次折半查找,要么查找成功,结束查找,要么将查找范围缩小一半,如此重复,直到查找成功或查找范围缩小为空,即查找失败为止。

3. 二叉排序树的查找

从二叉排序树的结构定义中可看到:一棵非空二叉排序树中根结点的关键字值大于其左子树上所有结点的关键字值,而小于其右子树上所有结点的关键字值,所以在二叉排序树中查找一个关键字值为 k 的结点的基本思想是:用给定值 k 与根结点的关键字值比较,如果 k

小于根结点的值，则要找的结点只可能在左子树中，所以继续在左子树中查找，否则将继续在右子树中查找，依此方法，查找下去，直至查找成功或查找失败为止。

4. 哈希函数

将记录的关键字值与记录的存储位置对应起来的关系 H 称为哈希函数，H(k)的结果称为哈希地址。

5. 哈希表

哈希表是根据哈希函数建立的表，其基本思想是：以记录的关键字值为自变量，根据哈希函数，计算出对应的哈希地址，并在此存储该记录的内容。当对记录进行查找时，根据给定的关键字值，用同一个哈希函数计算出给定关键字值对应的存储地址，随后进行访问。所以哈希表即一种存储形式，又是一种查找方法，通常将这种查找方法称为哈希查找。

6. 哈希表查找及其分析

哈希表的查找过程与哈希表的构造过程基本一致，对于给定的关键字值 k，按照建表时设定的哈希函数求得哈希地址；若哈希地址所指位置已有记录，并且其关键字值不等于给定值 k，则根据建表时设定的冲突处理方法求得同义词的下一地址，直到求得的哈希地址所指位置为空闲或其中记录的关键字值等于给定值 k 为止。如果求得的哈希地址对应的内存空间为空闲，则查找失败；如果求得的哈希地址对应的内存空间中的记录关键字值等于给定值 k，则查找成功。

7. 平衡二叉树

（1）平衡二叉树的定义。平衡二叉树又称 AVL 树。它或者是一棵空树，或者是具有下列性质的二叉排序树：它的左子树和右子树高度之差的绝对值不超过 1。

（2）平衡二叉树的平衡调整。

在平衡二叉树上插入或删除结点后，可能使二叉树失去平衡，因此，要对失去平衡的树进行平衡调整。平衡调整有 4 种情况：

① LL 型——左单旋调整；
② RR 型——右单旋调整；
③ LR 型——先左后右双旋调整；
④ RL 型——先右后左双旋调整。

8. B 树

一棵 m 阶的 B 树，或为空树，或是满足下列特性的 m 叉树：

（1）树中每个结点至多有 m 棵子树。
（2）除根之外的所有分支结点至少有 $\lceil m/2 \rceil$ 棵子树。
（3）若根结点不是叶子结点，则至少有两棵子树。
（4）有 j 个子女的非叶结点中恰好有 j-1 个关键码，且按递增顺序排列，结点中包含的信息为 $(p_0, k_1, p_1, k_2, \cdots, k_{j-1}, p_{j-1})$ 其中 k_i（i=1, …, j-1）为关键码，且 $k_i<k_{i+1}$（i=1, …, j-2），p_i（i=0, …, j-1）为指向子树根结点的指针，且 p_{i-1} 所指子树中所有结点的关键码均小于 k_i（i=1, …, j-1），p_j 所指子树中所有结点的关键码均大于 k_j，j（$\lceil m/2 \rceil$-1<=j<=m-1）

为关键码的个数。

（5）所有叶子结点都在同一层上，实际上这些结点不存在。

6.2 典型习题

一、单项选择题

1. 若查找每个元素的概率相等，则在长度为 n 的顺序表上查找任一元素的平均查找长度为（　　）。

　　A. n　　　　　　B. n+1　　　　　　C. (n−1)/2　　　　D. (n+1)/2

2. 对于长度为 9 的顺序存储的有序表，若采用折半查找，在等概率情况下的平均查找长度为（　　）的 1/9。

　　A. 20　　　　　　B. 18　　　　　　C. 25　　　　　　D. 22

3. 对于顺序存储的有序表（5，12，20，26，37，42，46，50，64），若采用折半查找，则查找元素 26 的比较次数为（　　）。

　　A. 2　　　　　　B. 3　　　　　　C. 4　　　　　　D. 5

4. 对具有 n 个元素的有序表采用折半查找，则算法的时间复杂度为（　　）。

　　A. O(n)　　　　　B. $O(n^2)$　　　　C. O(1)　　　　　D. $O(\log_2 n)$

5. 在索引查找中，若用于保存数据元素的主表的长度为 144，它被均分为 12 个子表，每个子表的长度均为 12，则索引查找的平均查找长度为（　　）。

　　A. 13　　　　　　B. 24　　　　　　C. 12　　　　　　D. 79

6. 从具有 n 个结点的二叉排序树中查找一个元素时，在平均情况下的时间复杂度大致为（　　）。

　　A. O(n)　　　　　B. O(1)　　　　　C. $O(\log_2 n)$　　　D. $O(n^2)$

7. 从具有 n 个结点的二叉排序树中查找一个元素时，在最坏情况下的时间复杂度为（　　）。

　　A. O(n)　　　　　B. O(1)　　　　　C. $O(\log_2 n)$　　　D. $O(n^2)$

8. 在一棵平衡二叉排序树中，每个结点的平衡因子的取值范围是（　　）。

　　A. −1～1　　　　B. −2～2　　　　C. 1～2　　　　　D. 0～1

9. 若根据查找表（23，44，36，48，52，73，64，58）建立哈希表，采用 h(K)=K%7 计算哈希地址，则哈希地址等于 3 的元素个数为（　　）。

　　A. 1　　　　　　B. 2　　　　　　C. 3　　　　　　D. 4

10. 若根据查找表建立长度为 m 的哈希表，采用线性探测法处理冲突，假定对一个元素第一次计算的哈希地址为 d，则下一次计算的哈希地址为（　　）。

　　A. d　　　　　　B. d+1　　　　　C. (d+1)/m　　　　D. (d+1)%m

二、简答题

1. 假定一个待哈希存储的线性表为（32，75，29，63，48，94，25，46，18，70），哈希地址空间为 HT[13]，若采用除留余数法构造哈希函数和采用线性探测法处理冲突，试求出每一元素在哈希表中的初始哈希地址和最终哈希地址，画出最后得到的哈希表，求出平均查找长度。

2. 假定一个待哈希存储的线性表为（32，75，29，63，48，94，25，36，18，70，49，80），哈希地址空间为 HT[12]，若采用除留余数法构造哈希函数和采用拉链法处理冲突，试画出最后得到的哈希表，并求出平均查找长度。

三、算法设计题

1. 试写一个判别给定二叉树是否为二叉排序树的算法，设此二叉树以二叉链表作为存储结构，且树中结点的关键字均不同。

2. 试将折半查找的算法改写成递归算法。

6.3 习题参考答案

一、单项选择题

1. D 2. C 3. C 4. D 5. A 6. C 7. A 8. A 9. B 10. D

二、简答题

1. 解：H（K）=K%13，每一元素在哈希表中的初始哈希地址和最终哈希地址以及最后得到的哈希表如图 6-1 所示。

元素	32	75	29	63	48	94	25	46	18	70
初始哈希地址	6	10	3	11	9	3	12	7	5	5
最终哈希地址	6	10	3	11	9	4	12	7	5	8

图 6-1　题图 6.1

平均查找长度为：（1+1+1+1+1+2+1+1+4）/10=14/10，如图 6-2 所示。

0	1	2	3	4	5	6	7	8	9	10	11	12
			29	94	18	32	46	70	48	75	63	25

图 6-2　题图 6.2

2. 解：H(K)=K%11，哈希表如图 6-3 所示，平均查找长度为 17/12。

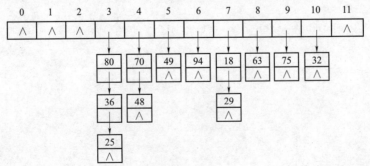

图 6-3　题图 6.3

三、算法设计题

1. 设计思路：对二叉排序树来说，其中序遍历序列为一个递增有序序列，因此对二叉排序树进行中序遍历，如果始终能保持前一个值比后一个值小，则说明二叉树是一棵二叉排序树。

```
/*判别二叉树是否为二叉排序树*/
int predt=-32767;    //predt 为全局变量,保存当前结点中序前驱的值,初值为-∞
int judgeBST(BinTree *bt)
{ int b1,b2;
 if(bt==NULL)
   return 1;
else
 { b1=judgeBST(bt->lchild);
  if(b1==0||predt>=bt->data)
  return 0;
  predt=bt->data;
  b2= judgeBST(bt->rchild);
  return b2;
 }
}
```

2. 设计思路：较为直观的方法，是可套用中序遍历递归算法。

```
/*折半查找递归算法*/
   int search_bin(SeqTable st , keytype k , int low , int high)
      {  if (low<high)  return (0);   //不成功
         else
         { mid=(low+high)/2;
           if (k==st.elem[mid].key)  return (mid) ;  //成功
           else
              if (k<st.elem[mid].key)
              return  search_bin (st,k,low,mid-1);
              else
              return  search_bin (st,k,mid+1,high);
         }
      } //search-bin
```

第7章 排序

7.1 基本知识点

1. 直接插入排序

(1) 排序思想：

假设待排序的 n 个记录 {R0, R1, …, Rn-1} 存放在数组中，直接插入法在插入记录 Ri（i=1, 2, …, n-1）时，记录集合被划分为两个区间 [R0, Ri-1] 和 [Ri, Rn-1]，其中，前一个子区间已经排好序，后一个子区间是当前未排序的部分，将排序码 Ki 与 Ki-1, Ki-2, …, K0 依次比较，找出应该插入的位置，将记录 Ri 插入，原位置的记录向后顺移。直接插入排序采用顺序存储结构。

(2) 性能分析：

从空间性能看，其仅用了一个辅助单元，空间复杂度为 O(1)。

从时间性能看，向有序表中逐个插入记录的操作进行了 n-1 趟，每趟操作分为比较关键字和移动记录，而比较次数和移动次数取决于初始序列的排列情况。

2. 二分法插入排序

(1) 排序思想：

由于插入排序的基本操作是在有序表中进行查找，而查找的过程是可以用折半查找来实现的。由此实现的排序称为二分法插入排序。

二分法插入排序必须采用顺序存储方式。

二分法插入排序的比较次数与待排序记录的初始状态无关，仅依赖于记录的个数。

(2) 性能分析：

它所需的排序码比较次数与待排序对象序列的初始排列无关，仅依赖于对象个数。在插入第 i 个对象时，需要经过 $\lfloor \log_2 n \rfloor + 1$ 次排序码比较，才能确定它应插入的位置。因此，将

n 个对象（为推导方便，设为 n=2^k）用折半插入排序所进行的排序码比较次数为：

$$\sum_{i=1}^{n-1}(\lfloor \log_2 i \rfloor +1) \approx n \cdot \log_2 n$$

在对象的初始排列已经按排序码排好序或接近有序时，直接插入排序比折半插入排序执行的排序码比较次数要少。折半插入排序的对象移动次数与直接插入排序相同，依赖于对象的初始排列。

折半插入排序是一个稳定的排序方法。

折半插入排序的时间复杂度为 $O(n^2)$。

3. 希尔排序

（1）排序思想：

希尔排序又称为缩小增量排序（Diminishing Increment Sort）。先将整个待排记录序列分割成若干个子序列分别进行直接插入排序，待整个序列中的记录基本有序时，再对全体记录进行一次直接插入排序，就可以完成整个排序工作。

（2）性能分析：

对希尔排序进行时效分析很难，关键码的比较次数与记录移动次数依赖于步长因子序列的选择，在特殊情况下可以准确估算出关键码的比较次数和记录的移动次数。

4. 直接选择排序

（1）排序思想：

在一组对象 V[i]～V[n−1]中选择具有最小排序码的对象；若它不是这组对象中的第一个对象，则将它与这组对象中的第一个对象对调；在这组对象中剔除这个具有最小排序码的对象。在剩下的对象 V[i+1]～V[n−1]中重复执行上两步，直到剩余对象只有一个为止。

（2）性能分析：

从空间性能看，其仅用了一个辅助单元作为交换的中介。从时间性能看，简单选择排序移动记录的次数较少，在初始序列正序的情况下最好，移动记录 0 次，在最坏情况下，每趟排序都需要交换，共需移动记录 3(n−1)次，但关键码的比较次数与初始序列情况无关，总是 n(n−1)/2，所以算法的时间复杂度为 $O(n^2)$。

直接选择排序是一种不稳定的排序方法。

5. 堆排序

（1）排序思想：

在排序过程中将排序码看成一棵完全二叉树以顺序存储结构存放，利用完全二叉树中双亲结点和孩子结点之间的内在关系，将其建成堆，从而在当前无序区中选择关键字最大的记录，然后将最大键值取出，用剩下的键值再建堆，便得到次最大的键值，如此反复进行，直到最小值，从而将全部键值排好序。

（2）性能分析：

从空间性能看，其仅用了一个辅助单元作为交换的中介。

从时间性能看，堆排序在最坏和平均情况下的时间复杂度均为 $O(n\log_2 n)$，但由于建初始堆所需的比较次数较多,所以堆排序不适宜于记录数较少的文件。

6. 冒泡排序

(1) 排序思想:

设待排序对象序列中的对象个数为 n,一般的,第 i 趟起泡排序从 1 到 n-i 依次比较相邻两个记录的关键字,如果发生逆序,则交换之,其结果是这 n-i 个记录中关键字最大的记录被交换到第 n-i 的位置上,最多进行 n-1 趟。

(2) 性能分析:

从空间性能看,其仅用了一个辅助单元作为交换的中介。

从时间性能看,在对象的初始排列已经按排序码从小到大排好序时,此算法只执行一趟起泡排序,作 n-1 次排序码比较,不移动对象。这是最好的情形。最坏的情形是算法执行 n-1 趟起泡排序,第 i 趟作 n-i 次排序码比较,执行 n-i 次对象交换。这样在最坏情形下总的排序码比较次数 KCN 和对象移动次数 RMN 为:

$$KCN = \sum_{i=1}^{n-1}(n-i) = \frac{1}{2}n(n-1)$$

$$RMN = 3\sum_{i=1}^{n-1}(n-i) = \frac{3}{2}n(n-1)$$

最坏情况下的时间复杂度为 $O(n^2)$。

起泡排序是一个稳定的排序方法。

7. 快速排序

(1) 排序思想:

任取待排序对象序列中的某个对象(例如取第一个对象)作为基准,按照该对象的排序码大小,将整个对象序列划分为左、右两个子序列:

① 左侧子序列中所有对象的排序码都小于或等于基准对象的排序码。

② 右侧子序列中所有对象的排序码都大于基准对象的排序码,基准对象则排在这两个子序列中间(这也是该对象最终应安放的位置)。

然后分别对这两个子序列重复施行上述方法,直到所有的对象都排在相应位置上为止。基准对象也称为枢轴(或支点)记录。

(2) 性能分析:

从空间性能看,快速排序是递归的,每层递归调用时的指针和参数均要用栈来存放,递归调用层次数与上述二叉树的深度一致,因而,存储开销在理想情况下为 $O(\log_2 n)$,即树的高度;在最坏的情况下,即二叉树是一个单链,存储开销为 $O(n)$。

从时间性能看,在 n 个记录的待排序中,一次划分需要约 n 次关键字比较,时效为 $O(n)$。理想情况下的每次划分,正好将序列分成两个等长的子序列,在最坏情况下,即每次划分只得到一个子序列,时效为 $O(n^2)$。快速排序通常被认为是在同数量级 $O(n\log_2 n)$ 的排序方法中平均性能最好的。

8. 基数排序

(1) 排序思想:

先将关键字拆分为若干项,每项作为一个"关键码",则对单关键码的排序可按多关键码的排序方法进行，然后从最低位关键码起，按关键码的不同值将序列中的记录分配到 R 个队列中，然后再收集，称为一趟排序。第一趟之后，排序表中的记录已按最低位关键码有序，再对次低位关键码进行一趟分配和收集。如此直到对最高位关键码进行一趟分配和收集，则排序表按关键字有序。

（2）性能分析：

从空间性能看，需要 2×R 个队列头、尾指针辅助空间，及用于静态表的 n 个指针。

从时间性能看，设待排序为 n 个记录、d 位关键码，每位关键码的取值范围为 0～R−1，则进行链式基数排序的时间复杂度为 O(d(n+R))，其中，一趟分配时间复杂度为 O(n)，一趟收集的时间复杂度为 O(R)，共进行 d 趟分配和收集。

基数排序是一种稳定的排序方法。

9. 归并排序

（1）排序思想：

归并的含义是将两个或两个以上的有序表合并成一个有序表。假设初始的序列含有 n 个记录，可以看成 n 个有序的子序列，每个子序列的长度为 1，然后两两归并，得到 ⌈n/2⌉ 个长度为 2 或 1 的有序子序列，再两两归并，如此重复，直到得到一个长度为 n 的有序序列为止。这种排序方法称为二路归并排序。

（2）性能分析：

从空间性能看，需要一个与表等长的辅助元素数组空间，所以空间复杂度为 O(n)。

从时间性能看，对 n 个元素的表，将这 n 个元素看成叶结点，若将两两归并生成的子表看作它们的父结点，则归并过程对应由叶向根生成一棵二叉树的过程。所以归并趟数约等于二叉树的高度减 1，即 $\log_2 n$，每趟归并需移动记录 n 次，故时间复杂度为 $O(n\log_2 n)$。

归并排序是中稳定的排序方法。

7.2 典型习题

一、单项选择题

1. 在所有的排序方法中，关键字比较的次数与记录的初始排序无关的是（　　）。
   A. 希尔排序　　　　B. 冒泡排序　　　　C. 插入排序　　　　D. 选择排序
2. 堆的形状是一棵（　　）。
   A. 二叉排序树　　　B. 满二叉树　　　　C. 完全二叉树　　　D. 平衡二叉树
3. 在待排序的元素序列基本有序的前提下，效率最高的排序方法是（　　）。
   A. 插入排序　　　　B. 选择排序　　　　C. 快速排序　　　　D. 归并排序
4. 一组记录为（46，79，56，38，40，84），则利用堆排序的方法建立的初始大根堆为（　　）。
   A. 79，46，56，38，40，84　　　　B. 84，79，56，38，40，46
   C. 84，79，56，46，40，38　　　　D. 84，56，79，40，46，38
5. 一组记录为（25，48，16，35，79，82，23，40，36，72），其中含有 5 个长度为 2

的有序表，按归并排序的方法对该序列进行一次归并后的结果为（   ）。

    A. 16，25，35，48，23，40，79，82，36，72
    B. 16，25，35，48，79，82，23，36，40，72
    C. 16，25，48，35，79，82，23，36，40，72
    D. 16，25，35，48，79，23，36，40，72，82

6. 一组记录为（46，79，56，38，40，84），则利用快速排序的方法，以第一个记录为基准得到的一次划分的结果为（   ）。

    A. 38，40，46，56，79，84   B. 40，38，46，79，56，84
    C. 40，38，46，56，79，84   D. 40，38，46，84，56，79

7. 在排序方法中，从未排序序列中依次取出元素与已排序序列（初始化为空）中的元素进行比较，将其放入已排序序列的正确位置上的方法，称为（   ）。

    A. 希尔排序   B. 冒泡排序   C. 插入排序   D. 选择排序

8. 下述几种排序方法中，平均查找长度最小的是（   ）。

    A. 插入排序   B. 选择排序   C. 快速排序   D. 归并排序

9. 快速排序方法在（   ）情况下，最不利于发挥其长处。

    A. 要排序的数据量太大   B. 要排序的数据中含有多个相同值
    C. 要排序的数据已基本有序   D. 要排序的数据个数为奇数

10. 若要从 1 000 个元素中得到 10 个最小值元素，最好采用（   ）方法。

    A. 直接插入排序   B. 选择排序   C. 堆排序   D. 快速排序

二、简答题

1. 已知一组记录为（46，74，53，14，26，38，86，65，27，34），分别给出采用直接插入排序法、冒泡排序法、快速排序法、简单选择排序法、堆排序法、归并排序法进行排序时每一趟的排序结果。

2. 证明：当输入序列已经呈现为有序状态时，快速排序的时间复杂度为 $O(n^2)$。

三、算法设计题

1. 试以单链表为存储结构实现简单选择排序的算法。

2. 插入排序中找插入位置的操作可以通过二分法来实现。试据此写一个改进后的插入排序算法。

3. 一个线性表中的元素为正整数或负整数。设计一个算法，将正整数和负整数分开，使线性表前一半为负整数，后一半为正整数。不要求对这些元素排序，但要求尽量减少交换次数。

7.3 习题参考答案

一、单项选择题

1. D 2. C 3. A 4. B 5. A 6. C 7. C 8. C 9. C 10. B

二、简答题

1. 答:各种排序法每一趟排序的结果如下:

(1) 直接插入排序法:

(0) [46] 74 53 14 26 38 86 65 27 34
(1) [46 74] 53 14 26 38 86 65 27 34
(2) [46 53 74] 14 26 38 86 65 27 34
(3) [14 46 53 74] 26 38 86 65 27 34
(4) [14 26 46 53 74] 38 86 65 27 34
(5) [14 26 38 46 53 74] 86 65 27 34
(6) [14 26 38 46 53 74 86] 65 27 34
(7) [14 26 38 46 53 65 74 86] 27 34
(8) [14 26 27 38 46 53 65 74 86] 34
(9) [14 26 27 34 38 46 53 65 74 86]

(2) 冒泡排序法:

(0) [46 74 53 14 26 38 86 65 27 34]
(1) [46 53 14 26 38 74 65 27 34] 86
(2) [46 14 26 38 53 65 27 34] 74 86
(3) [14 26 38 46 53 27 34] 65 74 86
(4) [14 26 38 46 27 34] 53 65 74 86
(5) [14 26 38 27 34] 46 53 65 74 86
(6) [14 26 27 34] 38 46 53 65 74 86
(7) [14 26 27 34] 38 46 53 65 74 86

(3) 快速排序法:

(0) [46 74 53 14 26 38 86 65 27 34]
(1) [34 27 38 14 26] 46 [86 65 53 74]
(2) [26 27 14] 34 38 46 [74 65 53] 86
(3) 14 26 27 34 38 46 [53 65] 74 86
(4) 14 26 27 34 38 46 53 65 74 86

(4) 简单选择排序法:

(0) [46 74 53 14 26 38 86 65 27 34]
(1) 14 [74 53 46 26 38 86 65 27 34]
(2) 14 26 [53 46 74 38 86 65 27 34]
(3) 14 26 27 [46 74 38 86 65 53 34]
(4) 14 26 27 34 [74 38 86 65 53 46]
(5) 14 26 27 34 38 [74 86 65 53 46]
(6) 14 26 27 34 38 46 [86 65 53 74]
(7) 14 26 27 34 38 46 53 [65 86 74]
(8) 14 26 27 34 38 46 53 65 [86 74]

(9) 14 26 27 34 38 46 53 65 74 [86]

（5）构成初始堆（即建堆）的过程：

	1	2	3	4	5	6	7	8	9	10
(0)	46	74	53	14	26	38	86	65	27	34
(1)	46	74	53	14	26	38	86	65	27	34
(2)	46	74	53	14	26	38	86	65	27	34
(3)	46	74	38	14	26	53	86	65	27	34
(4)	46	14	38	27	26	53	86	65	74	34
(5)	14	26	38	27	34	53	86	65	74	46

进行堆排序的过程：

(0) 14 26 38 27 34 53 86 65 74 46
(1) 26 27 38 46 34 53 86 65 74 [14]
(2) 27 34 38 46 74 53 86 65 [26 14]
(3) 34 46 38 65 74 53 86 [27 26 14]
(4) 38 46 53 65 74 86 [34 27 26 14]
(5) 46 65 53 86 74 [38 34 27 26 14]
(6) 53 65 74 86 [46 38 34 27 26 14]
(7) 65 86 74 [53 46 38 34 27 26 14]
(8) 74 86 [65 53 46 38 34 27 26 14]
(9) 86 [74 65 53 46 38 34 27 26 14]

（6）归并排序法：

(0) [46] [74] [53] [14] [26] [38] [86] [65] [27] [34]
(1) [46 74] [14 53] [26 38] [65 86] [27 34]
(2) [14 46 53 74] [26 38 65 86] [27 34]
(3) [14 26 38 46 53 65 74 86] [27 34]
(4) [14 26 27 34 38 46 53 65 74 86]

2. 证明：当输入序列已经为有序序列状态时，每一趟排序后作为标准的记录总是生成一个比原序列少一个记录的唯一子序列，那么每调用一个子程序需要进行的关键字比较次数逐次减 1，总共需要调用 n−1 次子程序，因而关键字的比较次数为：n+(n−1)+(n−2)+⋯+1= n×(n+1)/2，即快速排序的时间复杂度为 $O(n^2)$。

三、算法设计题

1. 设计思路：每趟从单链表头部开始，顺序查找当前链值最小的结点。找到后，插入到当前的有序表区的最后。

```
/*单链表上的简单选择排序算法*/
void LinkList_Select_Sort(LinkList &L)
{ for (p=L;p->next->next;p=p->next)
   { q=p->next;  x=q->data;
     for (r=q,s=q;r->next;r=r->next)   //在 q 后面寻找元素值最小的结点
```

```
            if (r->next->data<x)
            { x=r->next->data;
              s=r;
            }
        if (s!=q)   //找到了值比 q->data 更小的最小结点 s->next
        { p->next=s->next;  s->next=q;
          t=q->next;   q->next=p->next->next;
          p->next->next=t;
        }  //交换 q 和 s->next 两个结点
   }//for
}//LinkList_Select_Sort
```

2. 设计思路：插入排序的基本思想是，每趟从无序区间中取出一个元素，再按键值大小插入到前面的有序区间中。对于有序区，当然可以用二分法来确定插入位置。

```
/*改进后的插入排序方法*/
void straightsort ( list A )
  { for ( i=2 ; i <=n ; i++ )
    { low=1 ; high=i-1 ;
      A[0].key=A[i].key ;
      while ( low<=high )
       { mid=( low+high )/2 ;
         switch
         { case : A[0].key <= A[mid].key : high = mid-1 ;
           case : A[0].key > A[mid].key : low = mid+1 ;
         }
      for ( j=i-1 ; j>=mid ; j--) A[j+1]= A[ j ] ;
        A[mid]=A[i] ;
      }
    }
  }
```

3. 设计思路：本题的算法思想是，先设置好上、下界，然后分别从线性表两端查找正数和负数，找到后进行交换，直到上、下界相遇。

```
/*将正整数和负整数分开*/
void example(datatype A[n])
{ i=1, j=n ;
  while( i<j )
   { while((i<j)&&(A[i]<0)) i++ ;      //负数在左边
     while((i<j)&&(A[j]>0))j-- ;       //正数在右边
     if(i<j)
      { temp=A[i]; A[i]=A[j]; A[j]=A[temp];
```

```
    i++ ; j--;
   }
  }
 }
```

第8章 图

8.1 基本知识点

（1）图的定义：图是由顶点的有穷非空集合 V 和顶点的偶对（边）集合 E 组成的，记为 G=(V,E)。

（2）完全图：对有 n 个顶点的图，若为无向图且边数为 n(n–1)/2，则称其为无向完全图；若为有向图且边数为 n(n–1)，则称其为有向完全图。

（3）连通图与连通分量：在无向图 G 中，若两个顶点 v_i 和 v_j 之间有路径存在，则称 v_i 和 v_j 是连通的。若 G 中任意两个顶点都是连通的，则称 G 为连通图。非连通图的极大连通子图叫作连通分量。

（4）强连通图与强连通分量：在有向图 G 中，对于每一对顶点 v_i 和 v_j，都存在一条从 v_i 到 v_j 和从 v_j 到 v_i 的路径，则称此图是强连通图。非强连通图的极大强连通子图叫作强连通分量。

（5）图的存储结构：

① 邻接矩阵：

邻接矩阵是用一维数组存储图中顶点的信息，用矩阵表示图中各顶点之间的邻接关系。

② 邻接表：

邻接表是图的一种顺序存储与链式存储相结合的存储方法。对于图 G 中的每个顶点 v_i，将所有邻接于 v_i 的顶点连成一个单链表，这个单链表就称为顶点 v_i 的邻接表，再将所有点的邻接表表头放到一个数组中，即构成图的邻接表。

（6）图的遍历：从图的任一顶点出发，对图中的所有顶点访问一次且只访问一次。

（7）深度优先搜索：假设初始状态是图中所有顶点未曾被访问，则深度优先搜索可以从图中某个顶点 v 出发，访问此顶点，让后一次从 v 的未被访问的邻接点出发深度优先遍历图，直至图中所有和 v 有路径的顶点都被访问到。若此时图中尚有顶点未被访问，则选图中一个未曾被访问的顶点作起始点，重复上述过程，直至图中所有顶点都被访问到为止。

（8）广度优先搜索：从图的指定顶点 v 出发，先访问顶点 v，并将其标记为已访问过，接着依次访问 v 的所有相邻结点 w_1，w_2，…，w_x，然后依次访问与 w_1，w_2，…，w_x 邻接的所有未被访问过的顶点，依此类推，直到所有已访问顶点的相邻结点都被访问过为止。如果图中还有未被访问过的顶点，则从某个未被访问过的顶点出发进行广度优先搜索，直到所有顶点都被访问过为止。

（9）最小生成树：对于网络，其生成树中的边也带权，将生成树各边的权值总和称为生成树的权，并把权值最小的生成树称为最小生成树（Minimum Spanning Tree）。

① Prim 算法的基本思想：

首先从集合 V 中任取一顶点（例如取顶点 v_0）放入集合 U 中，这时 U={v_0}，TE=NULL，然后在所有一个顶点在集合 U 里，另一个顶点在集合 V−U 里的边中，找出权值最小的边(u,v)(u∈U,v∈V−U)，将边加入 TE，并将顶点 v 加入集合 U。重复上述操作直到 U=V 为止。这时 TE 中有 n−1 条边，T=(U,TE)就是 G 的一棵最小生成树。

② Kruskal 算法的基本思想：

设 G=(V,E)是网络，最小生成树的初始状态为只有 n 个顶点而无边的非连通图 T=(V,φ)，T 中每个顶点自成为一个连通分量。将集合 E 中的边按递增顺序排列，从小到大依次选择边分别在两个连通分量中的边加入图 T，则原来的两个连通分量由于该边的连接而成为一个连通分量。依此类推，直到 T 中所有顶点都在同一个连通分量上为止，该连通分量就是 G 的一棵最小生成树。

（10）Dijkstra 算法：设图 G 中有 n 个顶点，设置一个集合 U，存放已求出最短路径的顶点，V−U 是尚未确定最短路径的顶点集合，每个顶点对应一个距离值，集合 U 中顶点的距离值是从顶点 v_0 到该顶点的最短路径长度，集合 V−U 中顶点的距离值是从顶点 v_0 到该顶点的只包括集合 U 中顶点为中间顶点的最短路径长度。

（11）AOV 网：若以有向图中的顶点来表示活动，以弧表示活动之间的优先关系，则称有向图为 AOV 网。

（12）拓扑排序：

对于一个 AOV 网，其所有顶点可以排成一个线性序列 v_{i1}，v_{i2}，…，v_{in}，该线性序列具有以下性质：如果在 AOV 网中，从顶点 v_i 到顶点 v_j 存在一条路径，则在线性序列中，顶点 v_i 一定排在顶点 v_j 之前。具有这种性质的线性序列称为拓扑序列，构造拓扑序列的操作称为拓扑排序。对 AOV 网进行拓扑排序的方法和步骤是：

① 从 AOV 网中选择一个入度为 0 的顶点将其输出；

② 在 AOV 网中删除此顶点及其所有的出边；

③ 反复执行以上两步，直到所有顶点都已经输出为止，此时整个拓扑排序完成；或者剩下的顶点的入度都不为 0，此时说明 AOV 网中存在回路，拓扑排序无法再进行。

（13）AOE 网：若在带权的有向图中，以顶点表示事件，以有向边表示活动，边上的权值表示活动的开销，则此带权的有向图称为 AOE 网。

（14）关键路径：

① 问题定义：

AOE 网中顶点所表示的事件实际上就是它的入边所表示的活动都已完成，它的出边所表示的活动可以开始这样一种状态。AOE 网中，具有最大路径长度的路径称为关键路径。关键路径上的活动称为关键活动。

② 计算关键路径用到的参数：

a. 事件 v_j 可能的最早发生时间 ee(j)：

ee(0)=0

ee(j)=max{ ee(i)+weight(<v_i,v_j>) } <v_i,v_j>∈T, 1≤j≤n-1

T 是所有以 v_j 为终点的入边的集合，weight(<v_i,v_j>)为边<v_i, v_j>的权。

b. 事件 v_i 允许的最迟发生时间 le(i)：

le(n-1)=ee(n-1)

le(i)=min{ le(j)-weight(<v_i, v_j>) }<v_i,v_j>∈S, 0≤i≤n-2

S 是所有以 v_i 为开始顶点的出边的集合，weight(<v_i,v_j>)为边<v_i, v_j>的权。

c. 活动 a_k=<v_i, v_j>的最早开始时间 e(k)：

e(k)=ee(i)

d. 活动 a_k=<v_i, v_j>的最晚开始时间 l(k)：

l(k)=le(j)-weight(<v_i,v_j>)

weight(<v_i,v_j>)为边<v_i,v_j>的权值。

e. 若某条边满足 e(k)=l(k)，则其为关键活动，由关键活动组成的路径称为关键路径。

8.2 典型习题

一、单项选择题

1. 在一个具有 n 个顶点的无向图中，若有 e 条边，则所有顶点的度数之和为（   ）。
   A. n   B. e   C. n+e   D. 2e

2. 在一个具有 n 个顶点的无向完全图中，其所含的边数为（   ）。
   A. n   B. n(n–1)   C. n(n–1)/2   D. n(n+1)/2

3. 在一个具有 n 个顶点的有向完全图中，其所含的边数为（   ）。
   A. n   B. n(n–1)   C. n(n–1)/2   D. n(n+1)/2

4. 在一个无向图中，若两顶点之间的路径长度为 k，则该路径上的顶点数为（   ）。
   A. k   B. k+1   C. k+2   D. 2k

5. 对于一个具有 n 个顶点的无向连通图，它包含的连通分量的个数为（   ）。
   A. 0   B. 1   C. n   D. n+1

6. 若要把 n 个顶点连接为一个连通图，则至少需要（   ）条边。
   A. n   B. n+1   C. n–1   D. 2n

7. 在一个具有 n 个顶点和 e 条边的无向图的邻接矩阵中，表示边存在的元素（又称为有效元素）的个数为（   ）。
   A. n   B. n×e   C. e   D. 2e

8. 在一个具有 n 个顶点和 e 条边的有向图的邻接矩阵中，表示边存在的元素个数为（   ）。
   A. n   B. n×e   C. e   D. 2e

9. 在一个具有 n 个顶点和 e 条边的无向图的邻接表中，边结点的个数为（　　）。
   A. n　　　　　　B. n×e　　　　　　C. e　　　　　　D. 2e

10. 在一个有向图的邻接表（出边表）中，每个顶点单链表中结点的个数等于该顶点的（　　）。
    A. 出边数　　　B. 入边数　　　　C. 度数　　　　D. 度数减 1

11. 若一个图的边集为{<1,2>,<1,4>,<2,5>,<3,1>,<3,5>,<4,3>}，则从顶点 1 开始对该图进行深度优先搜索，得到的顶点序列可能为（　　）。
    A. 1,2,5,4,3　　B. 1,2,3,4,5　　　C. 1,2,5,3,4　　D. 1,4,3,2,5

12. 若一个图的边集为{<1,2>,<1,4>,<2,5>,<3,1>,<3,5>,<4,3>}，则从顶点 1 开始对该图进行广度优先搜索，得到的顶点序列可能为（　　）。
    A. 1,2,3,4,5　　B. 1,2,4,3,5　　　C. 1,2,4,5,3　　D. 1,4,2,5,3

13. 已知一个有向图的边集为{<a,b>,<a,c>,<a,d>,<b,d>,<b,e>,<d,e>}，则由该图产生的一种可能的拓扑序列为（　　）。
    A. a,b,c,d,e　　B. a,b,d,e,b　　　C. a,c,b,e,d　　D. a,c,d,b,e

14. 下列关于 AOE 网的叙述中，不正确的是（　　）。
    A. 关键活动不按期完成就会影响整个工程的完成时间
    B. 任何一个关键活动提前完成，整个工程将会提前完成
    C. 所有的关键活动提前完成，整个工程将会提前完成
    D. 某些关键活动提前完成，整个工程将会提前完成

二、简答题

1. 已知一个无向图的邻接矩阵如图 8-1（a）所示，试写出从顶点 0 出发分别进行深度优先搜索和广度优先搜索遍历得到的顶点序列。注：每一种序列都是唯一的，因为其都是在存储结构上得到的。

2. 已知一个无向图的邻接表如图 8-1（b）所示，试写出从顶点 0 出发分别进行深度优先搜索和广度优先搜索遍历得到的顶点序列。注：每一种序列都是唯一的，因为其都是在存储结构上得到的。

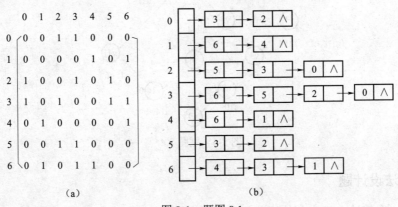

图 8-1　题图 8.1

3. 已知图 8-2 所示的一个网，按照 Prim 方法，从顶点 1 出发，求该网的最小生成树的

产生过程。

4. 已知图 8-2 所示的一个网，按照 Kruskal 方法，求该网的最小生成树的产生过程。

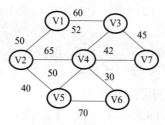

图 8-2　题图 8.2

5. 图 8-3 所示为一个有向网图及其带权邻接矩阵，要求对有向图采用 Dijkstra 算法，求从 V0 到其余各顶点的最短路径。

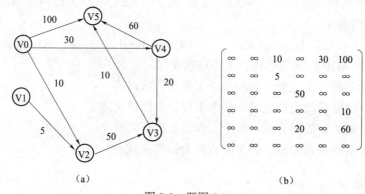

图 8-3　题图 8.3

（a）有向带权图；（b）带权邻接矩阵

6. 图 8-4 给出了一个具有 15 个活动、11 个事件的工程的 AOE 网，求关键路径。

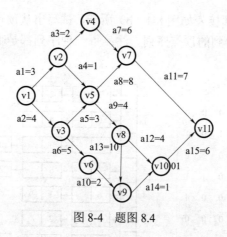

图 8-4　题图 8.4

三、算法设计题

1. 编写一个算法，求出邻接矩阵表示的无向图中序号为 numb 的顶点的度数。
2. 编写一个算法，求出邻接矩阵表示的有向图中序号为 numb 的顶点的度数。

3. 编写一个算法，求出邻接表表示的无向图中序号为 numb 的顶点的度数。
4. 编写一个算法，求出邻接表表示的有向图中序号为 numb 的顶点的度数。

8.3 习题参考答案

一、单项选择题

1. D 2. C 3. B 4. B 5. B 6. C 7. D 8. C 9. D 10. A 11. A 12. C 13. A 14. B

二、简答题

1. 深度优先搜索序列：0，2，3，5，6，1，4
   广度优先搜索序列：0，2，3，5，6，1，4
2. 深度优先搜索序列：0，3，6，4，1，5，2
   广度优先搜索序列：0，3，2，6，5，4，1
3. v1v2，v2v5，v4v5，v4v6，v4v7，v3v7
4. v4v6，v2v5，v4v7，v3v7，v1v2，v4v5
5. 求解过程见表8-1。

表 8-1 求解过程

终点	从 v0 到各终点的 D 值和最短路径的求解过程				
	i=1	i=2	i=3	i=4	i=5
V1	∞	∞	∞	∞	∞ 无
V2	10 (v0,v2)				
V3	∞	60 (v0,v2,v3)	50 (v0,v4,v3)		
V4	30 (v0,v4)	30 (v0,v4)			
V5	100 (v0,v5)	100 (v0,v5)	90 (v0,v4,v5)	60 (v0,v4,v3,v5)	
Vj	V2	V4	V3	V5	
S	{v0,v2}	{v0,v2,v4}	{v0,v2,v3,v4}	{v0,v2,v3,v4,v5}	

6. 求解过程如下：
（1）事件的最早发生时间 ve[k]：

ve(1)=0

ve(2)=3

ve(3)=4

ve(4)=ve(2)+2=5

ve(5)=max{ve(2)+1,ve(3)+3}=7
ve(6)=ve(3)+5=9
ve(7)=max{ve(4)+6,ve(5)+8}=15
ve(8)=ve(5)+4=11
ve(9)=max{ve(8)+10,ve(6)+2}=21
ve(10)=max{ve(8)+4,ve(9)+1}=22
ve(11)=max{ve(7)+7,ve(10)+6}=28

(2)事件的最迟发生时间 vl[k]：

vl(11)=ve(11)=28
vl(10)=vl(11)-6=22
vl(9)=vl(10)-1=21
vl(8)=min{vl(10)-4,vl(9)-10}=11
vl(7)=vl(11)-7=21
vl(6)=vl(9)-2=19
vl(5)=min{vl(7)-8,vl(8)-4}=7
vl(4)=vl(7)-6=15
vl(3)=min{vl(5)-3,vl(6)-5}=4
vl(2)=min{vl(4)-2,vl(5)-1}=6
vl(1)=min{vl(2)-3,vl(3)-4}=0

(3)活动 ai 的最早开始时间 e[i]和最晚开始时间 l[i]：

活动	e	l
活动 a1	e(1)=ve(1)=0	l(1)=vl(2)-3=3
活动 a2	e(2)=ve(1)=0	l(2)=vl(3)-4=0
活动 a3	e(3)=ve(2)=3	l(3)=vl(4)-2=13
活动 a4	e(4)=ve(2)=3	l(4)=vl(5)-1=6
活动 a5	e(5)=ve(3)=4	l(5)=vl(5)-3=4
活动 a6	e(6)=ve(3)=4	l(6)=vl(6)-5=14
活动 a7	e(7)=ve(4)=5	l(7)=vl(7)-6=15
活动 a8	e(8)=ve(5)=7	l(8)=vl(7)-8=13
活动 a9	e(9)=ve(5)=7	l(9)=vl(8)-4=7
活动 a10	e(10)=ve(6)=9	l(10)=vl(9)-2=19
活动 a11	e(11)=ve(7)=15	l(11)=vl(11)-7=21
活动 a12	e(12)=ve(8)=11	l(12)=vl(10)-4=18
活动 a13	e(13)=ve(8)=11	l(13)=vl(9)-10=11
活动 a14	e(14)=ve(9)=21	l(14)=vl(10)-1=21
活动 a15	e(15)=ve(10)=22	l(15)=vl(11)-6=22

(4)最后，比较 e[i]和 l[i]的值可判断出 a2、a5、a9、a13、a14、a15 是关键活动，关键路径如图 8-5 所示。

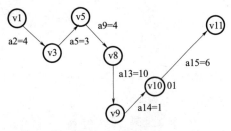

图 8-5　题图 8.5

三、算法设计题

1. /*根据无向图的邻接矩阵求出序号为 numb 的顶点的度数*/
```
int degree1(Graph & ga, int numb)
    {
        int j,d=0;
        for(j=0; j<ga.vexnum; j++)
            if (ga.cost[numb][j]!=0 && ga.cost[numb][j]!=MAXINT)
                d++;
        return (d);
    }
```

2. /*根据有向图的邻接矩阵求出序号为 numb 的顶点的度数*/
```
int degree2(Graph & ga, int numb)
    { int i,j,d=0;
        //求出顶点 numb 的出度
        for(j=0; j<ga.vexnum; j++)
            if(ga.cost[numb][j]!=0 && ga.cost[numb][j]!=MAXINT)
                d++;
        //求出顶点 numb 的入度
        for(i=0; i<ga.vexnum; i++)
            if(ga.cost[i][numb]!=0 && ga.cost[i][numb]!=MAXINT)
                d++;
        //返回顶点 numb 的度
        return (d);
    }
```

3. /*根据无向图的邻接表求出序号为 numb 的顶点的度数*/
```
int degree3(GraphL & gl, int numb)
    { int d=0;
        vexnode * p=gl.adjlist[numb];
        while(p!=NULL)
        { d++;
            p=p->next;
```

           }
        return (d);
    }
4. /*根据有向图的邻接表求出序号为 numb 的顶点的度数*/
   int degree4(GraphL & gl, int numb)
       { int d=0, i;
        vexnode * p=gl.adjlist[numb];
        while (p!=NULL)
        { d++;
          p=p->next;
        } //求出顶点 numb 的出度
        for(i=0; i<gl.vexnum; i++)
        { p=gl.adjlist[i];
           while(p!=NULL)
           { if(p->vertex= =numb) d++;
              p=p->next;
           }
        }//求出顶点 numb 的入度
        return (d);   //返回顶点 numb 的度数
     }

第二篇

数据结构实验

第9章 数据结构实验概述

9.1 实验教学的目的

数据结构是计算机、信息与计算科学等专业的一门很重要的专业基础课,具有承上启下的地位和作用。当用计算机来解决实际问题时,就要涉及数据的表示及数据的处理,即对数据进行组织、存储和运算,并且要具有较高的效率,这正是数据结构课程要解决和研究的问题,也是学习数据结构课程的目的所在。因此数据结构课程在计算机应用中具有举足轻重的作用。

数据结构课程不仅具有较强的理论性,同时也具有较强的可应用性和实践性,是一门实践性很强的课程,因此要学好数据结构这门课,仅仅通过课堂教学或者自学获取理论知识是远远不够的,还必须加强实践,亲自动手上机输入代码、编辑、调试、运行已有的各种典型算法和自己编写的算法,从成功的经验和失败的教训中得到锻炼,才能够熟练掌握和运用理论知识解决软件开发中的实际问题,达到学以致用的目的。

9.2 实验教学的主要内容

上机实验是数据结构课程的一个重要教学环节,通过实验可使学生对常用数据结构的基本概念及不同的实现方法的理论有进一步的掌握,并对在不同存储结构上实现不同的运算方式和技巧有所体会。为了使教材更适用于程序设计基础薄弱的学生,本书中加入了C语言基础篇,帮助学生回顾、掌握C语言知识。本书设置了19个数据结构实验和1个课程设计供读者参考。

9.3 实验步骤

随着计算机性能的提高,软件开发的复杂度也日益增加,这就要求软件开发需要系统的方法。一种常见的软件方法是用软件工程的思想去设计,虽然数据结构中的实验题目不如开发软件复杂,但是为了培养一个软件工作者所应具备的科学工作的方法和作风,完成实验应遵循如下5个步骤。

1. 问题分析

一般实验题目的陈述比较简洁,因此在进行设计之前,需要进一步分析问题,明确要解决的问题是什么。通过这一步骤可以对问题进行更加明确的描述,包括输入/输出数据的格式、类型等。这一步还应该为调试程序准备好测试数据,要考虑边缘情况。

2. 数据类型和设计

这一步骤的设计,需分为总体设计和详细设计两步实现。总体设计指的是,对问题描述中涉及的操作对象定义相应的数据类型,确定数据的逻辑结构,并划分出相应的模块。详细设计指的是,为选用的数据结构定义相应的存储结构并写出各函数的伪码算法。总体设计的结果是写出数据结构的描述和各个主要模块的算法,并找出模块之间的调用关系。详细设计的结果是对数据结构和基本操作的规格说明作出进一步的描述,写出数据结构存储的类型定义,按照算法书写规范用类C语言写出算法框架。

3. 编码实现和模块检查

这个步骤的任务是写出正确的、容易理解的程序模块。应该根据问题的性质和实际环境,选取一种适当的高级程序设计语言,把详细设计的结果翻译成用选定的语言书写的程序。在程序编写过程中要考虑程序的书写规范,形成良好的编码习惯,尽量做到语句简洁、清晰。

4. 上机准备和上机调试

上机前应熟练掌握所需的程序设计语言(C语言),了解其书写规范;熟练运用调试工具,考虑调试方案,设计测试数据并手工执行,得出预期的结果。调试正确后,要对程序代码和注释进行整理,得出带有完整注释的、结构清晰的程序。

5. 总结和整理实验报告

在实验完成后,要总结整个实验过程,写出该实验的实验报告。

9.4　实验报告规范

实验题目:_____

班级:_____,姓名:_____,学号:_____,日期:_____

一、需求分析

1. 程序的基本功能;
2. 输入/输出要求;
3. 测试数据。

二、概要设计

1. 本程序所用的抽象数据类型;
2. 主模块的流程及各子模块的主要功能;

3. 模块之间的层次关系。

三、详细设计

1. 采用 C 语言定义相关的数据类型；
2. 写出各模块的伪码算法；
3. 画出函数的调用关系图。

四、测试分析

1. 调试中遇到的问题及问题的解决方法；
2. 算法的时间复杂度和空间复杂度；

五、使用说明及测试结果

1. 使用说明；
2. 测试结果。

六、源程序

要求程序简洁、清晰，主要语句带注释。

9.5 实验报告样例

实验题目：设计一个可进行复数运算的演示程序
班级：信息与计算科学，姓名：王小伟，学号：001，日期：2016.3.18

一、需求分析

1. 程序的基本功能

程序实现下列 3 种基本运算：
（1）两个复数求和；
（2）两个复数求差；
（3）两个复数求积。

2. 输入/输出要求

按照指定格式输入复数的实部和虚部，选择相应的运算，运算结果以相应的复数或实数的表示形式显示。

二、概要设计

1. 定义复数类型

```
ADT Complex{
```
数据对象：D={$c_i | c_i$=(real,image), real∈实数, image∈实数, i=1, 2, 3, …}

数据关系：R1={}

基本操作：

C_Sum(&C,C1,C2)

初始条件：复数 C1，C2 存在。

操作结果：做和运算 C1+C2，结果放在 C 中。

C_Difference(&C,C1,C2)

初始条件：复数 C1，C2 存在。

操作结果：做减运算 C1-C2，结果放在 C 中。

C_Product(&C,C1,C2)

初始条件：复数 C1，C2 存在。

操作结果：做乘运算 C1*C2，结果放在 C 中。

C_Print(C)

初始条件：复数 C 存在。

操作结果：将复数 C 以"实部+虚部 i"的形式显示输出。

}ADT Complex

2. 程序包含 4 个模块

（1）主程序模块：

```
main()
{初始化；
选择命令；
while("命令"!="退出")
{处理命令;}
}
```

（2）两复数求和模块；

（3）两复数求差模块；

（4）两复数求积模块；

（5）打印复数模块。

3. 各模块之间调用关系（图 9-1）

图 9-1 功能模块

三、详细设计

1. 复数数据类型

```
typedef struct
{float real;
float image;
}complex,*complex_ptr;
void C_Sum(complex_ptr c_ptr,complex com1,complex com2)
//将复数C1,C2相加,结果放入复数指针C所指向的复数单元中去
void C_Difference(complex_ptr C,complex C1,complex C2)
//将复数C1,C2相减,结果放入复数指针C所指向的复数单元中去
void C_Product(complex_ptr C,complex C1,complex C2)
//将复数C1,C2相乘,结果放入复数指针C所指向的复数单元中去
void C_Print(complex_ptr C)
//将复数指针C所指向的复数单元中的内容以"实部+虚部i"的形式显示输出
```

2. 伪码算法

```c
#include "stdio.h"
#include "malloc.h"
#include "stdlib.h"
typedef struct{
float real;
float image;
}complex,*complex_ptr;    //定义复数结构体,包括实部和虚部
/*复数相加*/
void C_Sum(complex_ptr c_ptr,complex com1,complex com2)
{c_ptr->real=com1.real+com2.real;
c_ptr->image=com1.image+com2.image;
}
/*复数相减*/
void C_Difference(complex_ptr c_ptr,complex com1,complex com2)
{c_ptr->real=com1.real-com2.real;
c_ptr->image=com1.image-com2.image;
}
/*复数相乘*/
void C_Product(complex_ptr c_ptr,complex com1,complex com2)
{c_ptr->real=com1.real*com2.real-com1.image*com2.image;
c_ptr->image=com1.real*com2.image+com1.image*com2.real;
```

```c
}
/*输出结果*/
void C_Print(complex_ptr c_ptr)
{printf("\nThe result is:%f+%fi\n",c_ptr->real,c_ptr->image);
}
main()
{char choice;
complex com1,com2;
complex_ptr c_ptr;
c_ptr=(complex_ptr)malloc(sizeof(complex));
system("cls");     //清屏
printf("\n-----------MENU------------");
printf("\n<1>Complex Sum Operation.\n");
printf("<2>Complex Difference Operation.\n");
printf("<3>Complex product Operation.\n");
printf("<4>Exit\n");
printf("---------------------------");
printf("\nPlease make your choice:");
scanf("%c",&choice);
while(choice!='4')
{
printf("Input Fist complex number:\n");
printf("Real:");
scanf("%f",&com1.real);
printf("Image:");
scanf("%f",&com1.image);
printf("Input second complex number:\n");
printf("Real:");
scanf("%f",&com2.real);
printf("Image:");
scanf("%f",&com2.image);
switch(choice)
{case '1':
C_Sum(c_ptr,com1,com2);
C_Print(c_ptr);
break;
case '2':
C_Difference(c_ptr,com1,com2);
C_Print(c_ptr);
```

```
break;
case '3':
C_Product(c_ptr,com1,com2);
C_Print(c_ptr);
break;
default: printf("Choice error!\n");break;
}
printf("\n-----------MENU------------");
printf("\n<1>Comolex Sum Operation.\n");
printf("<2>Comolex Difference Operation.\n");
printf("<3>Comolex product Operation.\n");
printf("<4>Exit\n");
printf("--------------------------");
fflush(stdin);    //清空输入缓冲区
printf("\nPlease make your choice:");
scanf("%c",&choice);}}
```

四、调试分析

1. 项目选择 choice 变量的类型定义

起初 choice 变量被定义为 int 型，其值范围为 1、2、3、4，但考虑到在实际操作中，用户可能存在随意按键的情况，即输入任意字符或字符串，因此将 choice 定义为 char 型，其值范围为字符集{'1'，'2'，'3'，'4'}。

2. 对键盘缓冲区清空的处理

在实际运行中，发现程序不能正常循环，表现为 choice 变量不能重复赋值。现象是在第一次复数运算结束后，程序在给出命令菜单后，提示用户选择，并等待输入。但情况并非如此，程序并未等待直接要求用户输入第一个复数值。通过分析得知原因是之前输入的内容影响对 choice 变量赋值的 scanf 语句的执行。

解决办法是使用 fflush（stdin），对键盘缓冲区作清空处理，该库函数是在"stdio.h"文件中定义的。

五、测试结果

1. 加运算

输入：
复数一：1，3
复数二：2，4
结果：3.000000+7.000000i

2. 减运算

复数一：3.4，5.6
复数二：2.7，4.8
结果：0.700000+0.800000i

3. 乘运算

复数一：7，8
复数二：9.1，2.5
结果：43.700005+90.300003i

六、源程序

略。

第10章 C语言基本知识

传统的数据结构教材，只是注重算法思想和方法，并不关心具体使用何种语言工具来实现，默认学生已经具备扎实的程序设计基础和能力。随着计算机科学的发展、教学改革的深化，数据结构的开课时间各个高校有所不同，普遍有所提前。大学生入学起点存在一定的差异，即使在大学一年级学习了某种程序设计语言，学生的能力和水平的差异依然存在。实践表明，在数据结构教学过程中，如果学生的程序设计语言基础薄弱，就会影响正常教学进度。数据结构不仅具有较强的理论性，更具有较强的实践性。当前国内、外一些优秀的数据结构教材已经兼顾理论和实践两个方面。因此，有必要将数据结构所必须使用的C语言语法在此作简单介绍。根据多年教学实践，学生完成上机实验练习时遇到的主要问题是，不能正确的输入数据、结构体概念陌生、函数的传址调用概念不清、指针与链表有的没有学过。由于篇幅所限，这里仅对几个问题加以介绍。如果学生基础好，可以越过这一部分内容不看。

10.1 数组的定义与应用

1. 数组的定义

所谓数组，就是相同数据类型的元素按一定顺序排列的集合，是把有限个类型相同的变量用一个名字命名，然后用编号区分它们的变量的集合，这个名字称为数组名，编号称为下标。

数组同变量一样，也必须先定义，后使用。一维数组是只有1个下标的数组，定义形式如下：

数据类型　　数组名1[常量表达式]，数组名2[常量表达式2]…；

（1）"数据类型"是指数组元素的数据类型。

（2）数组名与变量名一样，必须遵循标识符命名规则。

（3）"常量表达式"必须用方括号括起来，它指的是数组的元素个数（又称数组长度），它是一个整型值，其中可以包含常数和符号常量，但不能包含变量。

注意：C语言中不允许动态定义数组。

（4）数组元素的下标，是元素相对于数组起始地址的偏移量，所以从0开始顺序编号。

（5）数组名中存放的是一个地址常量，它代表整个数组的首地址。同一数组中的所有元素，按其下标的顺序占用一段连续的存储单元。

2. 数组元素的引用

引用数组中的任意一个元素的形式：数组名[下标表达式]。

（1）"下标表达式"可以是任何非负整型数据，取值范围是 0～（元素个数–1）。特别强调：在运行 C 语言程序的过程中，系统并不自动检验数组元素的下标是否越界。因此在编写程序时，保证数组下标不越界是十分重要的。

（2）1 个数组元素，实质上就是 1 个变量，它具有和相同类型单个变量一样的属性，可以对它进行赋值和使它参与各种运算。

（3）在 C 语言中，数组作为一个整体，不能参加数据运算，只能对单个的元素进行处理。

3. 一维数组元素的初始化

初始化格式： 数据类型 数组名[常量表达式]={初值表}

（1）如果对数组的全部元素赋初值，定义时可以不指定数组长度（系统根据初值个数自动确定）。如果被定义数组的长度与初值个数不同，则数组长度不能省略。

（2）"初值表"中的初值个数，可以少于元素个数，即允许只给部分元素赋初值。

4. 一维数组应用举例

[例10.1] 已知某课程的平时、实习、测验和期末成绩，求该课程的总评成绩。其中平时、实习、测验和期末分别占10%、20%、20%、50%。

```
/*功能:从键盘上循环输入某课程的平时、实习、测验和期末成绩,按10%、20%、20%、50%的比例计算
总评成绩,并在屏幕上显示出来。按空格键继续循环,按其他键终止循环。*/
#include "stdio.h"
main()
{ int i=1,j;
  char con_key='y';
  float score[5],ratio[4]={0.1,0.2,0.2,0.5};   /*定义成绩、比例系数数组*/
  while(con_key=='y')
     {
        printf("输入第%2d个学生的成绩\n", i++);
        printf("平时    实习    测验    期末成绩\n");
        score[4]=0;      /* score[4]:存储总评成绩*/
        for(j=0; j<4; j++)
           {scanf("%f",&score[j]);
             score[4]+=score[j]*ratio[j];
           }
```

```
    printf("总评成绩为:%6.1f\n", score[4]);
    printf("\n按y键继续,按其他键退出");
    con_key=getchar();          /*getchar()函数等待从键盘上输入一个字符*/
   }
}
```

10.2 指针与指针变量

1. 指针与指针变量的定义

(1) 指针:即地址,一个变量的地址称为该变量的指针。通过变量的指针能够找到该变量。

(2) 指针变量:专门用于存储其他变量地址的变量,就是变量值与变量的区别。

(3) 为表示指针变量和它指向的变量之间的关系,用指针运算符 "*" 表示。

2. 指针与指针变量的应用

例如,指针变量 num_pointer 与它所指向的变量 num 的关系如下:

*num_pointer,即*num_pointer 等价于变量 num。因此,下面两个语句的作用相同:

```
num=3;                /*将3直接赋给变量num*/
num_pointer=&num;     /*使num_pointer指向num */
*num_pointer=3;       /*将3赋给指针变量num_pointer所指向的变量*/
```

[例 10.2] 指针变量的定义与相关运算示例。

```
main()
 { int num_int=12, *p_int;     /*定义一个指向int型数据的指针变量p_int */
   float num_f=3.14, *p_f;  /*定义一个指向float型数据的指针变量p_f */
   char num_ch='p', *p_ch;  /*定义一个指向char型数据的指针变量p_ch */
   p_int=&num_int;    /*取变量num_int的地址,赋值给p_int */
   p_f=&num_f;        /*取变量num_f的地址,赋值给p_f */
   p_ch=&num_ch;      /*取变量num_ch的地址,赋值给p_ch */
   printf("num_int=%d, *p_int=%d\n", num_int, *p_int);
   printf("num_f=%4.2f, *p_f=%4.2f\n", num_f, *p_f);
   printf("num_ch=%c, *p_ch=%c\n", num_ch, *p_ch);
 }
```

程序运行结果:

```
num_int=12, *p_int=12
num_f=3.14, *p_f=3.14
num_ch=p, *p_ch=p
```

程序说明:

(1) 头三行的变量定义语句——指针变量的定义。

与一般变量的定义相比,除变量名前多了一个星号"*"(指针变量的定义标识符)外,其余一样:数据类型 *指针变量,*指针变量 2…;

注意:此时的指针变量 p_int、p_f、p_ch 并未指向某个具体的变量(称指针是悬空的)。使用悬空指针很容易破坏系统,导致系统瘫痪。

(2)中间三行的赋值语句——取地址运算(&)。

取地址运算的格式:&变量。

例如,&num_int、&num_f、&num_ch 的结果,分别为变量 num_int、num_f、num_ch 的地址。

注意:指针变量只能存放指针(地址),且只能是相同类型变量的地址。

例如,指针变量 p_int、p_f、p_ch 只能分别接收 int 型、float 型、char 型变量的地址,否则出错。

(3)后三行的输出语句——指针运算(*)。

这三行中出现在指针变量前的星号"*"是指针运算符,访问指针变量所指向的变量的值,即 num_int、num_f、num_ch 的值。

[例 10.3] 使用指针变量求解:输入 2 个整数,按升序(从小到大排序)输出。

```
main()
    { int num1,num2;
    int *num1_p=&num1, *num2_p=&num2, *pointer;
    printf("Input the first number: "); scanf("%d",&num1);
    printf("Input the second number: "); scanf("%d",&num2);
    printf("num1=%d, num2=%d\n", num1, num2);
    if( *num1_p > *num2_p )              /*如果 num1>num2,则交换指针*/
    pointer= num1_p, num1_p= num2_p, num2_p=pointer;
    printf("min=%d, max=%d\n", *num1_p, *num2_p);
    }
```

程序运行情况:
```
Input the first number:6↵
Input the second number:2↵
num1=6, num2=2
min=2, max=6
```

程序说明:

(1)程序中的 if 语句的作用:如果*num1_p>*num2_p (即 num1>num2),则交换指针,使 num1_p 指向变量 num2(较小值),num2_p 指向变量 num1(较大值)。

(2)"printf("min=%d, max=%d\n", *num1_p, *num2_p);"语句通过指针变量,间接访问变量的值。

本例的处理思路是:交换指针变量 num1_p 和 num2_p 的值,而不是变量 num1 和 num2 的值(变量 num1 和 num2 并未交换,仍保持原值),最后通过指针变量输出处理结果。

10.3 结构体类型与结构体变量的定义

C 语言中的结构体类型，相当于其他高级语言中的"记录"类型。例如描写一个学生的基本情况，涉及学号、姓名、性别、两门课的成绩，分别用"int num;""char name[8];""char sex;""float score[2];"表示，要描写这样一个由不同数据类型构成的对象，需要定义一个结构体类型。

1. 结构体类型的定义

```
struct  结构体类型名     /* struct 是结构体类型关键字*/
       { 数据类型   数据项 1;
         数据类型   数据项 2;
            …
         数据类型   数据项 n;
       };              /* 此行分号不能少！*/
```

[例 10.4] 定义一个反映学生基本情况的结构类型，用来存储学生的相关信息。

```
struct  date       /*日期结构体类型：由年、月、日共 3 项组成*/
     {int year;
      int month;
      int day;
     };
struct  std_info  /*学生信息结构体类型：由学号、姓名、性别和生日共 4 项组成*/
     {char  no[7];
      char  name[9];
      char  sex[3];
      struct date birthday;
     };
struct  score     /*成绩结构体类型：由学号和 3 门课成绩共 4 项组成*/
     { char  no[7];
       int  score1;
       int  score2;
       int  score3;
     };
```

（1）"结构体类型名"和"数据项"的命名规则，与变量名相同。
（2）数据类型相同的数据项，既可逐个、逐行分别定义，也可合并成一行定义。
例如，本例代码中的日期结构体类型，也可改为如下形式：

```
struct  date
     {int  year, month, day;
     };
```

（3）结构体类型中的数据项，既可以是基本数据类型，也可以是另一个已经定义的结构体类型。

例如，本例代码中的结构体类型 std_info，其数据项"birthday"就是一个已经定义的日期结构体类型 date。

（4）将 1 个数据项称为结构体类型的 1 个成员（或分量）。

2. 结构体变量定义

用户自己定义的结构体类型，与系统定义的标准类型（int、char 等）一样，可用来定义结构体变量。定义结构体变量的方法，可概括为两种：

（1）间接定义法：先定义结构体类型，再定义结构体变量。

例如，利用[例 10.4]中定义的学生信息结构体类型 std_info，定义一个相应的结构体变量：student：struct std_info student；

结构体变量 student 拥有结构体类型的全部成员，其中 birthday 成员是一个日期结构体类型，它又由 3 个成员构成。

注意：使用间接定义法定义结构体变量时，必须同时指定结构体类型名。

（2）直接定义法：在定义结构体类型的同时定义结构体变量。

例如，结构体变量 student 的定义可以改为如下形式：

```
struct std_info
    {…
    } student;
```

同时定义结构体类型及其结构体变量的一般格式如下：

```
struct [结构类型名]
    { …
    } 结构变量表;
```

注意：

（1）结构体类型与结构体变量是两个不同的概念，其区别如同 int 型与 int 型变量的区别一样。

（2）结构体类型中的成员名，可以与程序中的变量同名，它们代表不同的对象，互不干扰。

3. 结构体变量的引用规则

对于结构体变量，要通过成员运算符"."逐个访问其成员，访问的格式为：

结构体变量.成员   /*其中的"."是成员运算符*/

例如，案例中的 student.no 引用结构体变量 student 中的 no 成员；student.name 引用结构体变量 student 中的 name 成员。

[例 10.5] 利用[例 10.4]中定义的结构体类型"struct std_info"定义一个结构体变量 student，用来存储和显示一个学生的基本情况。

```
#include "struct.h"
struct std_info student={"000102","张三","男",{1980,9,20}};
main()
```

```
    { printf("No: %s\n",student.no);
      printf("Name: %s\n",student.name);
      printf("Sex: %s\n",student.sex);
      printf("Birthday:%d-%d-d\n",
      student.birthday.year,student.birthday.month,student.birthday.day);
    }
```

程序运行结果：

```
No: 000102
Name: 张三
Sex: 男
Birthday:1980-9-20
```

4．结构体数组

结构体数组的每一个元素，都是结构体类型数据，均包含结构体类型的所有成员。

［例 **10.6**］利用［例 10.4］中定义的结构类型"struct std_info"定义一个结构体数组 student，用来存储和显示 3 个学生的基本情况。

```
#include"struct.h"
/*定义并初始化一个外部结构数组 student[3] */
struct std_info student[3]={{"000102","张三","男",{1980,9,20}},
                            {"000105","李四","男",{1980,8,15}},
                            {"000112","王五","女",{1980,3,10}} };
    /*主函数 main()*/
    main()
    { int i;
      printf("No.□□□□Name□□□□□Sex□Birthday\n"); /*输出 3 个学生的基本情况*/
      for(i=0; i<3; i++)
        { printf("%-7s",student[i].no);
          printf("%-9s",student[i].name);
          printf("%-4s",student[i].sex);
          printf("%d-%d-%d\n",student[i].birthday.year,student[i].birthday.month,
          student[i].birthday.day);
        }     }
```

程序运行结果：

```
No.       Name      Sex    Birthday
000102    张三      男     1980-9-20
000105    李四      男     1980-8-15
000112    王五      女     1980-3-10
```

与结构体变量的定义相似，结构体数组的定义也分直接定义和间接定义两种方法，只需说明为数组即可。

与普通数组一样,结构体数组也可在定义时进行初始化。初始化的格式为:
结构数组[n]={{初值表 1},{初值表 2},…,{初值表 n}}
例如,本例中的结构体数组 student[3]即如此。

5. 指向结构体类型数据的指针

结构体变量在内存中的起始地址称为结构体变量的指针。

1)指向结构体变量的指针

[例 10.7] 使用指向结构体变量的指针来访问结构体变量的各个成员。

```
#include "struct.h"
struct  std_info  student={"000102","张三","男",{1980,9,20}};
main()
    { struct  std_info  *p_std=&student;
      printf("No: %s\n", p_std->no);
      printf("Name: %s\n", p_std->name);
      printf("Sex: %s\n", p_std->sex);
      printf("Birthday: %d-%d-%d\n", p_std->birthday.year,
              p_std->birthday.month, p_std->birthday.day);
    }
```

通过指向结构体变量的指针来访问结构体变量的成员,与直接使用结构体变量的效果一样。一般来说,如果指针变量 pointer 已指向结构体变量 var,则以下 3 种形式等价:

(1) var.成员

(2) pointer->成员

(3)(*pointer).成员   /* "*pointer"外面的括号不能省! */

注意:在格式(1)中,分量运算符左侧的运算对象只能是结构体变量;而在格式(2)中,指向运算符左侧的运算对象,只能是指向结构体变量(或结构体数组)的指针变量,否则都出错。

2)指向结构体数组的指针

[例 10.8] 使用指向结构体数组的指针来访问结构体数组。

```
#include"struct.h"
/*定义并初始化一个结构体数组 student */
struct  std_info  student[3]={{"000102","张三","男",{1980,5,20}},
                              {"000105","李四","男",{1980,8,15}},
                              {"000112","王五","女",{1980,3,10}} };
main()
   { struct  std_info  *p_std=student;
     int i=0;
     printf("No.□□□□Name□□□□Sex□Birthday\n");  /*打印表头*/
/*输出结构体数组的内容*/
     for( ;  i<3;  i++, p_std++)
```

```
        { printf("%-7s%-9s%-4s", p_std->no, p_std->name, p_std->sex);
           printf("%4d-%2d-%2d\n",p_std->birthday.year,p_std->birthday.month,
  p_std->birthday.day);
        }
    }
```

如果指针变量 p 已指向某结构体数组，则 p+1 指向结构体数组的下一个元素，而不是当前元素的下一个成员。

另外，如果指针变量 p 已经指向一个结构体变量（或结构体数组），就不能再使之指向结构体变量（或结构数组体元素）的某一成员。

10.4 malloc( )函数、free( )函数

（1）malloc( )函数：内存分配函数是 C 语言中动态存储管理的一组标准库函数之一。其作用是在内存的动态存储区中分配一个长度为 size 的连续空间。其参数是一个无符号整形数，返回值是一个指向所分配的连续存储域的起始地址的指针。还有一点必须注意的是，若函数未能成功分配存储空间（如内存不足）就会返回一个 NULL 指针。所以在调用该函数时应该检测返回值是否为 NULL 并执行相应的操作。

malloc() 的语法是：指针名=(数据类型*)malloc(长度)

"（数据类型*）"表示指针，malloc( )函数则必须计算需要的字节数，并且在返回后强行转换为实际类型的指针：

```
int *p;
p = (int *) malloc (sizeof(int));
例:typedef struct student *list;
   list p=(list)malloc(sizeof(struct student));
```

（2）free( )函数：free( )函数释放的是指针指向的内存，free( )函数只能和 malloc( )函数匹配使用，先使用 malloc( )函数分配空间，然后使用 free( )函数释放空间，free( )函数不可释放一般变量的空间，一般变量的空间由系统自动回收。

[例 10.9] 分配一块区域，输入一个学生数据。

```
main()
  { struct stu
    { int num;
      char *name;
      char sex;
      float score;} *ps;
      ps=(struct stu*)malloc(sizeof(struct stu));
      ps->num=102; ps->name="Zhang ping";ps->sex='M';ps->score=62.5;
      printf("Number=%d\nName=%s\n",ps->num,ps->name);
      printf("se x=%c\n score=%f\n",ps->sex,ps->score);
      free(ps);
  }
```

本例中，定义了结构 stu，定义了 stu 类型指针变量 ps；然后分配一块内存区，并把首地址赋予 ps，使 ps 指向该区域，再以 ps 为指向结构的指针变量对各成员赋值，并用 printf( ) 函数输出各成员值；最后用 free( ) 函数释放 ps 指向的内存空间。整个程序包含申请内存空间、使用内存空间、释放内存空间三个步骤，实现了存储空间的动态分配。

10.5　函数与参数传递

函数的设计和调用是程序设计必不可少的技能，是程序设计最重要的基础。一些初学者之所以感到编程困难，就是因为忽视了这个基础。在传统的面向过程的程序设计中，往往提倡模块化、结构化程序设计，不论 BASIC、FONFTRAN、PASCAL 还是其他高级语言，最终均要涉及子函数的设计和使用。

C 语言的源程序是由一个主函数和若干（或零个）子函数构成的，函数是组成 C 语言程序的基本单位。函数具有相对独立的功能，可以被其他函数调用，也可调用其他函数。当函数直接或间接地调用自身时，这样的函数称为递归函数。

能够熟练地设计和使用函数，体现了一个人的较高的程序设计能力，因此有必要回顾和复习 C 语言函数的基本概念。

1. 函数的设计

函数设计的一般格式是：

　　类型名　函数名(形参表)
　　　{ 函数体；}

函数设计一般是处理一些数据，获得某个结果，因此函数可以具有返回值，上面的类型名就是函数返回值的类型，可以是 int、float 等，例如：

　　float　funx(形参表){ 函数体；}

函数也可以无返回值，此时类型是 void，例如：

　　void　funy(形参表){ 函数体；}

函数体内所需处理的数据往往通过形参表传送，函数也可以不设形参表，此时写为：

　　类型名　函数名(void){ 函数体；}

[例 10.10] 设计一个函数计算 3 个整数之和，再设计一个函数仅输出一条线。设计主函数调用两个子函数。

```
#include <stdio.h>
/*  计算 3 个整数之和的函数  */
int sumx (int a, int b, int c)           /*  a,b,c 为形参  */
{ int s;
  s=a+b+c;
  return s;
}
void display(void)                       /*  输出一条线的函数  */
{ printf("----------------------\n");}
```

```
void  main( )
{ int  x,y,z,sa;
  x=y=z=2;                        /*x,y,z 为实参*/
  display();                                    /*   画一条线   */
  printf("\n sum=%d",sumx(x,y,z));  /* 在输出语句中直接调用函数 sumx( ) */
printf("\n %6d%6d%6d\n",x,y,z);
display();
x=5; y=6; z=7;
sa=sumx(x, y, z);                 /*   在赋值语句中调用函数 sumx( )   */
printf("\n sum=%d",sa);
printf("\n %6d%6d%6d\n",x,y,z);
display();
} /* 程序结束 */
```

运行结果:

```
---------------------------
sum=6
    2     2     2
---------------------------
sum=18
    5     6     7
---------------------------
```

2. 函数的参数传递

函数在被调用时，由主调程序提供实参，将信息传递给形参。在调用结束后，有时形参可以返回新的数据给主调程序。这就是所谓参数传递。各种算法语言实现参数传递的方法通常分为传值和传址两大类。

在［例 10.10］中，函数 sumx()的设计和主函数对它的调用，就是传值调用。第一、第二次调用，带入的实参均是 3 个整型变量。调用函数返回后，在主程序中输出实参的值仍与调用之前相同。传值调用的主要特点是数据的单向传递，由实参通过形参将数据代入被调用函数，不论在调用期间形参值是否改变，调用结束返回主调函数之后，实参值都不会改变。

在不同的算法语言中，传址调用的语法有所不同。在 PASCAL 语言中用变参实现传址。在 C 语言中采用指针变量作形参来实现传址。传址调用的主要特点是可以实现数据双向传递，在调用时实参将地址传给形参，该地址中的数据代入被调用函数。如果在调用期间形参值被改变，也即该地址中的数据发生变化，调用结束返回主调函数之后，实参地址仍然不变，但是该地址中的数据发生相应改变。这就是数据的双向传递。

［例 10.11］设计一个函数，实现两个数据的交换，在主程序中调用。

```
#include <stdio.h>
void  swap(int *a,  int *b) ;  /*  函数原型声明  */
void  main( )
```

```
        { int  x=100, y=800;
          printf("\n %6d%6d", x, y);        /* 输出原始数据 */
          swap(&x, &y);                      /* 调用交换数据的函数 swap() */
          printf("\n %6d%6d", x ,y);         /* 输出交换后的数据 */
        }
        void swap( int *a,  int *b)
        { int c;
           c=*a;  *a = *b;  *b=c;
        }
```

运行结果：

100   800

800   100

实践证明，x、y 的数据在调用函数前、后发生了交换变化。形参是指向整形的指针变量 a 和 b，在函数体内需要交换的是指针所指的存储单元的内容，因此使用 "*a=*b;" 这样的写法。在调用时，要求实参的个数、类型、位置与形参一致。因为实参应该是指针地址，所以调用语句 "swap(&x,&y)" 中，实参&x 和&y 代入的是整型变量 x、y 的地址。在函数体内交换的是实参地址中的内容，而作为主函数变量，x、y 的地址仍然没有改变。从整数交换的角度看，本例实现了双向数据传递。若从指针地址角度看，调用前、后指针地址不变。

3. 用数组名作函数实参与用数组元素作函数实参的区别

（1）用数组元素作函数实参时，只要数组类型和函数的形参变量的类型一致，那么作为下标变量的数组元素的类型也和函数形参变量的类型是一致的。因此，并不要求函数的形参也是下标变量。换句话说，对数组元素的处理是按普通变量对待的。用数组名作函数参数时，则要求形参和相对应的实参都必须是类型相同的数组，都必须有明确的数组说明。当形参和实参二者不一致时，即会发生错误。

（2）在普通变量或下标变量作函数参数时，形参变量和实参变量是由编译系统分配的两个不同的内存单元。在函数调用时发生的值传送是把实参变量的值赋予形参变量。在用数组名作函数参数时，不是进行值的传送，即不是把实参数组的每一个元素的值都赋予形参数组的各个元素。因为实际上形参数组并不存在，编译系统不为形参数组分配内存。数组名就是数组的首地址。因此在数组名作函数参数时所进行的传送只是地址的传送，也就是说把实参数组的首地址赋予形参数组名。形参数组名取得该首地址之后，也就等于有了实在的数组。实际上是形参数组和实参数组为同一数组，共同拥有一段内存空间。

［例 10.12］有一个一维数组 score，存放 10 个学生的成绩，求平均值。

```
#include<stdio.h>
#include<string.h>
#include<conio.h>
#include<stdlib.h>
float average(float array[10]){
int i;
```

```
float aver,sum=array[0];
for(i=1;i<10;i++)
 sum=sum+array[i];
aver=sum/10;
return aver;
}
main(){
float score[10],aver;
int i;
printf("input 10 score:/n");
for(i=0;i<10;i++)
 scanf("%f",&score[i]);
printf("/n");
aver=average(score);
printf("average score is %5.2f/n",aver);
}
```

说明：

（1）用数组名作函数参数，应该在主调函数和被调函数中分别定义数组。

（2）实参数组与形参数组的类型应一致，如不一致，结果将出错。

（3）实际上，指定被调函数中形参数组的大小是不起任何作用的，因为 C 编译器对形参数组的大小不作检查，只是将实参数组的首地址传给形参数组。

（4）形参数组也可以不指定大小，定义数组时在数组名后跟一个空的中括号，为了在被调函数中处理数组元素的需要，可以另设一个参数，传递数组元素的个数。

[例 10.13] 用参数传递数组元素的个数。

```
#include<stdio.h>
#include<string.h>
#include<conio.h>
#include<stdlib.h>
float average(float array[],int n){
int i;
float aver,sum=array[0];
for(i=1;i<n;i++)
 sum=sum+array[i];
aver=sum/n;
return aver;
}
main(){
float score1[5]={98.5,97,91.5,60,55};
float score2[10]={67.5,89.5,99,69.5,77,89.5,76.5,54,60,99.5};
```

```
printf("the average of class A is %6.2f/n",average(score1,5));
printf("the average of class B is %6.2f/n",average(score2,10));
}
```
　　此例中函数 average（float array[]，int n）中的形参数组没有指定数组的大小，设置了变量传递数组元素的个数 n。

第11章 线性表

【实验目的】
（1）掌握线性表的逻辑结构特性，以及这种特性在计算机内的两种存储结构。
（2）掌握稀疏矩阵的三元组表压缩存储方法。
（3）重点是线性表的基本操作在两种存储结构上的实现，其中以链表的操作为侧重点，并进一步学习结构化的程序设计方法。

【实验内容】

11.1 简单顺序表的建立

【实验内容与要求】
建立 n 个数据元素的顺序表，并输出该表中各元素的值及顺序表的长度。

【实现提示】
由于 C 语言的数组类型也有随机存取的特点，一维数组的机内表示就是顺序结构，因此利用 C 语言的一维数组实现线性表的顺序存储。在此利用 C 语言的结构体类型定义顺序表：

```
#define MAXSIZE 1024
typedef int elemtype;
typedef struct
{
    elemtype vec[MAXSIZE];      /*顺序表中存放整型元素*/
    int len;                    /*顺序表的长度*/
}sequenlist;
```

可以将此结构体定义放在一个头文件中，这样可避免在后面的程序中重复书写，也可以直接放在主程序中。

【参考程序】

```c
#include <stdio.h>
#define MAXSIZE 1024
typedef int elemtype;
typedef struct
{
    elemtype vec[MAXSIZE];    /*顺序表中存放整型元素*/
    int len;                  /*顺序表的长度*/
}sequenlist;
/*创建一个顺序存储的线性表*/
int creatseqlist(sequenlist *L,int k)
{
    int i;
    printf("\n 请输入顺序表 L 的元素:");
    for(i=0;i<k;i++)
        scanf("%d",&L->vec[i]);
    return 1;
}
void main()
{
    int i,n;
    sequenlist *L,a;
    printf("\n 请输入顺序表 L 的长度:");
    scanf("%d",&n);
    L=&a;
    L->len=n;
    creatseqlist(L,n);
    printf("\n 输出顺序表中的元素:\n");
    for(i=0;i<L->len;i++)
        printf("%5d",L->vec[i]);
    printf("\n 此顺序表的长度为:%d\n",L->len);
}
```

11.2 顺序表的插入

【实验内容与要求】

利用前面的实验建立一个顺序表,然后在第 i 个位置上插入一个元素。

【实现提示】

从最后位置到插入位置的所有元素都要依次后移一位,使空出的位置插入元素 x。一般在第 i 个元素之前插入一个新元素时需要移动 n-i+1 个元素。

【参考程序】

```c
#include <stdio.h>
#define MAXSIZE 1024
typedef int elemtype;
typedef struct
{
    elemtype vec[MAXSIZE];      /*顺序表中存放整型元素*/
    int len;                    /*顺序表的长度*/
}sequenlist;
/*创建一个顺序存储的线性表*/
int creatseqlist(sequenlist *L,int k)
{
    int i;
    printf("\n 请输入顺序表 L 的元素:");
    for(i=0;i<k;i++)
        scanf("%d",&L->vec[i]);
    return 1;
}
/*实现插入运算,将值为 x 的元素插入到第 i 个元素之前*/
void insert(sequenlist *L,int i,int x)
{
    int j;
    if(L->len>=MAXSIZE)
    {
        printf("顺序表溢出!\n");
    }
    else if((i<1)||(i>L->len+1))
        printf("位置错误!\n");
    else
    {
        for(j=L->len-1;j>=i-1;j--)
            L->vec[j+1]=L->vec[j];
        L->vec[i-1]=x;
        L->len++;
    }
    printf("新的顺序表为:\n");
    for(i=0;i<L->len;i++)
        printf("%5d",L->vec[i]);
```

```
}
void main()
{
    int i,n,x;
    sequenlist *L,a;
    printf("\n 请输入顺序表L的长度:");
    scanf("%d",&n);
    L=&a;       /*无须为L申请空间*/
    L->len=n;
    creatseqlist(L,n);
    printf("\n 请输入插入的位置:\n");
    scanf("%d",&i);
    printf("\n 请输入插入的元素:\n");
    scanf("%d",&x);
    insert(L,i,x);
}
```

11.3 用顺序表实现学生成绩管理

【实验内容与要求】

学生成绩管理是学校教务管理的重要组成部分,其处理信息量大,本实验是对学生成绩管理作一个简单的模拟,要求利用顺序存储方式,用菜单选择操作方式完成下列功能:

(1) 登记学生成绩;
(2) 查询学生成绩;
(3) 插入学生成绩;
(4) 删除学生成绩。

【实现提示】

本实验的实质是建立一个顺序表来存储学生的学号、姓名、成绩等信息,登记即创建顺序表,然后通过查询、插入、删除3个子程序完成信息的查询、插入、删除等功能。

该系统中的数据采用线性表中的顺序存储结构来存储,用结构体类型定义每个学生记录,描述如下:

```
typedef struct
{   int num;        //学号
    char name[MAXLEN];      //姓名
    int score;      //成绩
}student;
typedef struct
{   student data[MAXLEN];
    int length;
```

}SqList;

【参考程序】
```c
#include <stdio.h>
#include <stdlib.h>
#include <malloc.h>
#define MAXLEN 100
typedef struct
{   int num;
    char name[MAXLEN];
    int score;
}student;
typedef struct
{   student data[MAXLEN];
    int length;
}SqList;
SqList  L;   //定义 L 为全局变量
/*创建顺序表*/
create( )
{
 int i=0;
 int n;
 L.length=i;
printf("请输入学生人数:\n");
scanf("%d",&n);
for(i=0;i<n;i++)
    {
      printf("请输入学生的学号:\n");
      scanf("%d",&L.data[i].num);
      printf("请输入学生的姓名:\n");
      scanf("%s",L.data[i].name);
      printf("请输入学生的成绩:\n");
      scanf("%d",&L.data[i].score);
    }
  L.length=n;
}
/*按学号查找*/
 find( )
{
   int k;
```

```c
    int i=0;
    printf("请输入要查找学生的学号:\n");
    scanf("%d",&k);
    while(i<L.length)
    {
        if(L.data[i].num==k)
        {printf("学号\t 姓名\t 成绩\n");
        printf("%d\t%s\t%d\n",L.data[i].num,L.data[i].name,L.data[i].score);
        break;
        }
        else i++;
    }
    if(i==L.length)
        printf("没找到\n");
}
/*插入新元素到顺序表中指定位置的前面*/
insert( )
{
 int j,loc,num,score;
 char name[MAXLEN];
    if(L.length==MAXLEN)
      printf("表已满,不能插入,\n");
    printf("请输入待插入学生的位置:\n");
scanf("%d",&loc);
printf("请输入待插入学生的学号:\n");
scanf("%d",&num);
printf("请输入学生的姓名:\n");
scanf("%s",name);
printf("请输入学生的成绩:\n");
scanf("%d",&score);
for(j=L.length;j>=loc;j--)
    L.data[j]=L.data[j-1];
L.data[loc].num=num;
strcmp(L.data[loc].name,name);
L.data[loc].score=score;
L.length++;
}
/*按学号删除*/
del( )
```

```c
{
    int k,j;
    int i=0,t=0;      //t 为标志位,t==0 时为没有找到要删除的元素
    printf("请输入待删除学生的学号:\n");
    scanf("%d",&k);
    while(i<=L.length-1)
    {
        if(L.data[i].num==k)
        {
            for(j=i;j<=L.length-1;j++)
                L.data[j]=L.data[j+1];
            L.length=L.length-1;
            t=1;
            output();
            break;
        }
        else
            i++;
    }
    if(i==L.length&&t==0)
        printf("没有这个学生成绩,无法删除\n");
}
/*输出顺序表中的元素*/
output( )
{
    int i=0;
    for(i=0;i<L.length;i++)
    {
        printf("学号\t 姓名\t 成绩\n");
        printf("%d\t%s\t%d\n",L.data[i].num,L.data[i].name,L.data[i].score);
    }
}
void main()
{int n;
 int k;
 while(1)
 {
    printf("        ------------------------\n");
    printf("        |         学生成绩管理         |\n");
```

```
        printf("                 ------------------------\n");
        printf("                          1.登记成绩            \n");
        printf("                          2.查询成绩            \n");
        printf("                          3.插入成绩            \n");
        printf("                          4.删除成绩            \n");
        printf("                          5.输出成绩            \n");
        printf("                          0.退出程序            \n");
        printf("                 ------------------------\n");
        printf("请输入你的选择:\n");
        scanf("%d",&k);
        switch(k)
        {
            case 1:create();break;
            case 2:find();break;
            case 3:insert();break;
            case 4:del();break;
            case 5:output();break;
            case 0:exit(0);
            default:printf("选择错误,请重新开始\n");
        }
    }
}
```

11.4 单链表的建立

【实验内容与要求】

建立一个带头结点的单链表，结点的值域为整型数据，要求将用户输入的数据按头插法和尾插法来建立相应的链表。

【实现提示】

链表也是线性表的一种，与顺序表不同的是，它在内存中不是连续存放的。在 C 语言中，链表是通过指针相关实现的。单链表是链表的一种。单链表就是其结点中有数据域和只有一个指向下个结点的指针域。创建单链表的方法有两种，分别是头插法和尾插法。

所谓头插法，就是按结点的逆序方法逐渐将结点插入到链表的头部。反之，尾插法就是按结点的顺序逐渐将结点插入到链表的尾部。相对来说，头插法要比尾插法算法简单，但是最后产生的链表是逆序的，即第一个输入的结点实际是链表的最后一个节点。尾插法比头插法复杂一些，程序中要作两次判断，分别是判断第一个节点和最后一个节点，且多消耗一个指针变量 e。

单链表的结点结构除数据域外，还含有一个指针域。用 C 语言描述如下：

typedef struct link

```
{   char data;
    struct link *next;
}linklist;
```

构造一个结点需要用到 C 语言的标准函数 malloc( )，如给指针变量 p 分配一个结点地址："p=(linklist*)malloc(sizeof(linklist));"。该语句的功能是分配一个类型为 linklist 的结点的地址空间，并将首地址存入指针地址 p 中。当结点不需要时可以用 free(p)释放结点存储空间，这时 p 为空（NULL）。

【参考程序】

```c
#include <stdio.h>
#include <stdlib.h>
typedef struct link
{   char data;
    struct link *next;
}linklist;
linklist *CreateList_Front();    //用头插法创建单链表
linklist *CreateList_End();      //用尾插法创建单链表
void ShowLinklist(linklist *h);  //输出显示链表
int main(void)
{
    int choice;
    linklist *head;
    while(1)
    {
        printf(" --------------------------------\n");
        printf("           单链表的创建           \n");
        printf(" --------------------------------\n");
        printf("        1.使用头插法创建单链表    \n");
        printf("        2.使用尾插法创建单链表    \n");
        printf("        3.链表输出显示            \n");
        printf("        4.退出                    \n");
        printf(" --------------------------------\n");
        printf("做出选择:\n");
        scanf("%d",&choice);
        switch(choice)
        {
        case 1:
            head=CreateList_Front();  //头插法
            break;
        case 2:
```

```c
                head=CreateList_End();    //尾插法
                break;
            case 3:
                ShowLinklist(head);    //输出链表
                break;
            case 4:
                exit(0);   //退出程序
                break;
            default:
                break;
        }
    }
    return 1;
}
/*用头插法创建单链表*/
linklist *CreateList_Front()
{
    linklist *head, *p;
    char ch;

    head=NULL;
    printf("依次输入字符数据('#'表示输入结束):\n");
    ch=getchar();
    while(ch != '#')
    {
        p=(linklist*)malloc(sizeof(linklist));
        p->data=ch;
        p->next=head;
        head=p;
        ch=getchar();          //头插法算法简单 核心就两句：p->next=head;head=p;
    }
    return head;
}
/*用尾插法创建单链表*/
linklist *CreateList_End()
{
    linklist *head, *p, *e;
    char ch;
    head=NULL;
    e=NULL;
```

```c
    printf("请依次输入字符数据('#'表示输入结束):\n");
    ch=getchar();
    while(ch!='#')
    {
        p=(linklist*)malloc(sizeof(linklist));
        p->data=ch;
        if(head==NULL)          //先判断输入的是不是第一个节点
        {
            head=p;
        }
        else
        {
            e->next=p;      //e 始终指向输入的最后一个节点
        }
        e=p;
        ch=getchar();
    }
    if(e!=NULL)             //如果链表不为空,则最后节点的下一个节点为空
    {
        e->next=NULL;
    }
    return head;
}
/*输出显示链表*/
void ShowLinklist(linklist *h)
{
    linklist *p;
    p=h;
    while(p!=NULL)
    {
        printf("%c ", p->data);
        p=p->next;
    }
    printf("\n");
}
```

11.5 用链表实现学生成绩管理

【实验内容与要求】

利用链表存储方式,用菜单选择操作方式完成下列功能:

（1）登记学生成绩；
（2）查询学生成绩；
（3）插入学生成绩；
（4）删除学生成绩。

【实现提示】

本实验的实质是建立学生信息单链表，每条信息由学号、姓名与成绩组成，即链表中每个结点由 4 个域组成，分别为：学号、姓名、成绩、存放下一个结点地址的 next 域。将要求完成的 4 项功能写成 4 个函数，分别对应单链表的创建、查询、插入、删除四大基本操作。

【参考程序】

```c
#include<stdio.h>
#include<stdlib.h>
#include<malloc.h>
#define MAXLEN 100
typedef struct node
{   int num;          //学号
    char name[MAXLEN];   //姓名
    int score;        //成绩
    struct node *next;  //指针域
}list;       /*定义结点类型*/
/*创建存储学生信息的带头结点的单链表*/
list *create()
{list *head,*p,*r;
 int i,n;
 head=(list*)malloc(sizeof(list));
 head->next=NULL;
 r=head;
 printf("请输入学生人数:\n");
 scanf("%d",&n);
 for(i=1;i<=n;i++)
   { p=(list*)malloc(sizeof(list));
    printf("请输入学生的学号:\n");
    scanf("%d",&p->num);
    printf("请输入学生的姓名:\n");
    scanf("%s",p->name);
    printf("请输入学生的成绩:\n");
    scanf("%d",&p->score);
    p->next=NULL;
    r->next=p;
    r=r->next;
```

```c
    }
    return(head);
}
/*按学号查找学生信息*/
void find(list *h)
{
    int k;
    list *p;
    p=h->next;
    printf("请输入要查找学生的学号:\n");
    scanf("%d",&k);
    while(p!=NULL&&p->num!=k)
        p=p->next;
     if(p)
     {   printf("学号\t 姓名\t 成绩\n");
        printf("%d\t%s\t%d\n",p->num,p->name,p->score);
     }
     else
        printf("没找到\n");
}
/*在链表的结尾插入新的学生结点*/
list *insert(list *h)
{
    list *p,*q,*r,*head;
    head=h;
    r=h;
    p=h->next;
    q=(list*)malloc(sizeof(list));
    printf("请输入待插入学生的学号:\n");
    scanf("%d",&q->num);
    printf("请输入学生的姓名:\n");
    scanf("%s",&q->name);
    printf("请输入学生的成绩:\n");
    scanf("%d",&q->score);
    q->next=NULL;
    while(p!=NULL)
    {r=p;
     p=p->next;
    }
```

```c
            r->next=q;
            r=r->next;
            return(head);
}
/*通过学号查找要删除的学生信息*/
list *del(list *h)
{
    int k;
    list *p,*q;
    q=h;
    p=h->next;
    printf("请输入待删除学生的学号:\n");
    scanf("%d",&k);
    while(p&&p->num!=k)
    { q=p;
      p=p->next;
    }
    if(p)
    {q->next=p->next;
     free(p);
    printf("删除成功!\n");
    }
    else
        printf("没有这个学生成绩,无法删除\n");
    return(h);
}
/*输出链表中的所有信息*/
void output(list *h)
{
    list *p;
    p=h->next;
    if(p==NULL)
        printf("无记录!\n");
    while(p!=NULL)
    { printf("学号\t 姓名\t 成绩\n");
      printf("%d\t%s\t%d\n",p->num,p->name,p->score);
      p=p->next;
    }
}
```

```c
void main()
{
    list *p;
    int k;
    while(1)
    {
        printf("    ----------------------------\n");
        printf("    |       学生成绩管理       |\n");
        printf("    ----------------------------\n");
        printf("            1.登记成绩          \n");
        printf("            2.查询成绩          \n");
        printf("            3.插入成绩          \n");
        printf("            4.删除成绩          \n");
        printf("            5.输出成绩          \n");
        printf("            0.退出程序          \n");
        printf("    ----------------------------\n");
        printf("请输入你的选择:\n");
        scanf("%d",&k);
        switch(k)
        {
            case 1:p=create();break;
            case 2:find(p);break;
            case 3:p=insert(p);break;
            case 4:p=del(p);break;
            case 5:output(p);break;
            case 0:exit(0);
            default:printf("选择错误,请重新开始\n");
        }
    }
}
```

11.6 实现三元组表存储的矩阵的相加

【实验内容和要求】

利用三元组表存储稀疏矩阵,实现矩阵的输入、显示和相加运算。

【实现提示】

矩阵相加就是将两个矩阵中同一位置的元素值相加。由于两个稀疏矩阵的非零元素按三元组表形式存放,在建立新的三元组表 C 时,为了使三元组元素仍按行优先排列,所以每次按照矩阵元素的行、列去找 A、B 中的元素,只有当 A、B 的行号列号相等时才将相应的值相加插入到 C 中。

【参考程序】

```c
#include <stdio.h>
#include <stdlib.h>
#define MAXSIZE 20
typedef struct
{
    int i,j;
    int v;
}node;

typedef struct
{
    int m,n,t;              //矩阵的行数、列数以及数据个数
    node data[MAXSIZE];
}Spmatrix;

void SpmInit(Spmatrix *S)           //三元组表初始化
{
    int i;
    printf("请输入矩阵的行数、列数以及数据个数:\n");
    scanf("%d%d%d",&S->m,&S->n,&S->t);
    printf("请输入矩阵的数据元素,格式为行号 列号 值:\n");
    for(i=0;i<S->t;i++)
        scanf("%d%d%d",&S->data[i].i,&S->data[i].j,&S->data[i].v);
}

void SpmAdd(Spmatrix *A,Spmatrix *B,Spmatrix *C)//矩阵相加
{
    int i=0,j=0,j1=0,j2=0;          //j,j1,j2 分别指向 C,A,B 的当前元素
    C->m=A->m;                      //将 C 的行列赋值为 A 的行列
    C->n=A->n;
    C->t=A->t+B->t;                 //将 C 的数据总数赋值为 A 和 B 的总数和
    for(i=0;i<C->t;i++)             //在最坏的情况下,循环 C->t 次
    {
        if(j1>=A->t&&j2<B->t)    //如果 A 的数据已经读取完,则直接将 B 当前值赋值给 C,j2 后移
        {
            C->data[j]=B->data[j2];
            j2++;
```

```
        }
        else if(j2>=B->t&&j1<A->t)   //如果B的数据已经读取完,则直接将A当前值赋值给C,j1后移
        {
            C->data[j]=A->data[j1];
            j1++;
        }
        else if(j1>=B->t&&j2>=B->t)  //如果A,B都已经操作完,但循环为结束,则直接结束循环
            break;
        else
        {    //先比较行编号
            if(A->data[j1].i<B->data[j2].i)//如果A当前元素的行小于B的,则赋值给C
            {
                C->data[j]=A->data[j1];
                j1++;
            }
            else if(A->data[j1].i>B->data[j2].i)//如果B当前元素的行小于A的,则赋值给C
            {
                C->data[j]=B->data[j2];
                j2++;
            }
            else     //否则,判断列编号
            {
                if(A->data[j1].j<B->data[j2].j)//如果A当前元素的列小于B的,则赋值给C
                {
                    C->data[j]=A->data[j1];
                    j1++;
                }
                else if(A->data[j1].j>B->data[j2].j)//如果B当前元素的列小于A的,则赋值给C
                {
                    C->data[j]=B->data[j2];
                    j2++;
                }
                else     //否则,则说明A和B的当前元素位置相同,将其值相加,赋给C
                {
                    C->data[j].i=A->data[j1].i;
                    C->data[j].j=A->data[j1].j;
                    C->data[j].v=A->data[j1].v+B->data[j2].v;
                    j1++;
                    j2++;
```

```c
                }
            }
        }
        if(C->data[j].v==0)
            continue;
        j++;
    }
    C->t=j;
}

void Print(Spmatrix *S)        //输出三元组表
{
    int i=0;
    for(i=0;i<S->t;i++)
        printf("%3d%3d%3d\n",S->data[i].i,S->data[i].j,S->data[i].v);
}

void main()
{
    Spmatrix *A,*B,*C;
    A=(Spmatrix *)malloc(sizeof(Spmatrix));
    B=(Spmatrix *)malloc(sizeof(Spmatrix));
    C=(Spmatrix *)malloc(sizeof(Spmatrix));
    printf("请输入矩阵A:\n");
    SpmInit(A);
    printf("请输入矩阵B:\n");
    SpmInit(B);
    SpmAdd(A,B,C);
    printf("矩阵C:\n");
    Print(C);
}
```

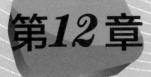

第12章 栈和队列

【实验目的】
（1）掌握栈这种数据结构的特性及其主要存储结构，并能在现实生活中灵活运用。
（2）掌握队列这种数据结构的特性及其主要存储结构，并能在现实生活中灵活运用。
（3）了解和掌握递归程序设计的基本原理和方法。
【实验内容】

12.1 进制的转换

【实验内容与要求】
编写一个程序，用链栈实现进制的转换，完成将十进制数转化二进制、八进制、十六进制等功能。

【实现提示】
栈具有后进先出的特性，而进制转换的打印输出刚好与计算过程相反，满足栈后进先出的特性，所以可以用栈很快地实现进制转换。链栈是没有附加头结点的运算受限的单链表。栈顶指针就是链表的头指针。链表中的结点是动态分配的，所以不考虑"上溢"。

【参考程序】

```c
#include "stdio.h"
#include "malloc.h"
#include "stdlib.h"
typedef struct node{
  int data;
  struct node *next;
}StackNode;
typedef struct{
```

```
    StackNode *top;   //栈顶指针
}LinkStack;
/*初始化链栈*/
void InitStack(LinkStack *s)
{   s->top=NULL;
    printf("\n 已经初始化链表!\n");
}
/*链栈置空*/
void setEmpty(LinkStack *s)
{   s->top=NULL;
    printf("\n 链栈被置空!\n");
}
/*入栈*/
void pushLstack(LinkStack *s,int x)
{   StackNode *p;
    p=(StackNode *)malloc(sizeof(StackNode));
    p->data=x;
    p->next=s->top;
    s->top=p;
}
/*出栈*/
int popLstack(LinkStack *s)
{   int x;
    StackNode *p;
    p=s->top;
    if(s->top==0)
    {   printf("\n 栈空,不能出栈!\n");
        exit(-1);
    }
    x=p->data;
    s->top=p->next;
    free(p);
    return x;
}
/*进制转换*/
void change(LinkStack *s,int m,int x)
{
    int i=0,e,n;
    n=m;
```

```
if(x!=16)
{
    while(n>0)
    {
        pushLstack(s,n%x);
        n/=x;
        i++;
    }
    printf("原数");printf("%d",m);printf("转化为二进制为:");
    for(;i>0;i--)
    {
        e=popLstack(s);
        printf("%d",e);
    }
    printf("\n");
}
if(x==16)
{
    while(n>0)
    {
        pushLstack(s,n%16);
        n/=16;
        i++;
    }
    printf("原数");
    printf("%d",m);
    printf("转化为十六进制为:");
    for(;i>0;i--)
    {
        e=popLstack(s);
        switch(e)
        {
        case 10:
            printf("A");break;
        case 11:
            printf("B");break;
        case 12:
            printf("C");break;
        case 13:
```

```
                    printf("D");break;
                case 14:
                    printf("E");break;
                case 15:
                    printf("F");break;
                default:
                    printf("%d",e);break;
            }
        }
        printf("\n");
    }
}
void main(){
    int m,k;
    LinkStack *L;
    L= (StackNode*)malloc(sizeof(StackNode));
    InitStack(L);
    while(1)
    {printf("   --------------------------\n");
     printf("   |       进制转换       |         \n");
     printf("   -- ----------------------\n");
     printf("          1.转换为二进制           \n");
     printf("          2.转换为八进制           \n");
     printf("          3.转换为十六进制         \n");
     printf("          0.退出程序               \n");
    printf("请输入要转换的十进制数:");
     scanf("%d",&m);
    printf("请输入你的选择:");
     scanf("%d",&k);
    switch(k)
    {
      case 1: change(L,m,2);break;
      case 2: change(L,m,8);break;
      case 3: change(L,m,16);break;
      case 0: exit(0);
    default:printf("选择错误,重新输入!\n");
    }
   }
}
```

12.2 表达式求值

【实验内容与要求】

编写一个程序,实现将中缀表达式转换为后缀表达式,然后对后缀表达式求值。

【实现提示】

定义一个栈存放运算符,将中缀表达式转化为后缀表达式。由中缀表达式到后缀表达式的转换只需要对输入的中缀表达式进行一次扫描,处理即可完成。基本过程如下:

如果遇到空格,则认为是分隔符,不需处理;如遇到操作数,则直接输出;若遇到左括号,则将其压入栈中;若遇到右括号,表明括号中的中缀表达式已经扫描完毕,把括号中的运算符退栈,并输出;若遇到运算符,当该运算符的优先级别大于栈顶运算符的优先级别时,则将它压栈,当该运算符的优先级别小于栈顶运算符的优先级别时,则将栈顶运算符退栈并输出,再次比较新的栈顶运算符,按同样方法处理,直到该运算符大于栈顶运算符的优先级为止,然后将该运算符压栈。若中缀表达式处理完毕,则要把栈中存留的运算符一并输出。

后缀表达求值只要使用一个存放运算分量的栈,求值过程可以顺序扫描后缀表达式,每当遇到运算分量便将它推入栈中;遇到运算符时,就从栈中弹出两个数(运算分量)进行计算,而后再把结果推入栈中。这样,到扫描结束时,留在栈顶的就是所求表达式的值。

【参考程序】

```c
#include<stdio.h>
#include<string.h>
#include<malloc.h>
#include<stdlib.h>
#define MaxSize 50
/*定义结点元素结构(用于存放非运算符)*/
typedef struct
{
    float data[MaxSize];//存放栈中元素的数组,栈中最大元素个数
    int top;//栈顶位置
}OpStack;
/*定义结点元素结构(用于存放运算符)*/
typedef struct
{
    char data[MaxSize];
    int top;
}SeqStack;
void InitStack(SeqStack *S);//初始化栈,即构造运算符栈
int StackEmpty(SeqStack S);//判断栈是否为空
int PushStack(SeqStack *S,char e);//进栈,运算符栈插入元素e为新的栈顶元素
int PopStack(SeqStack *S,char *e);//删除运算符栈S的栈顶元素,用e返回其值
```

```c
int GetTop(SeqStack S,char *e);//取栈顶元素,用e返回运算符栈S的栈顶元素
void TranslateExpress(char s1[],char s2[]);//将中缀表达式转化为后缀表达式
float ComputeExpress(char s[]);//计算后缀表达式的值
void main()
{
    char a[MaxSize],b[MaxSize];
    float f;
    while(1)
    {
    printf("请输入一个算术表达式:\n");
    gets(a);
    printf("中缀表达式为:%s\n",a);
    TranslateExpress(a,b);
    printf("后缀表达式为:%s\n",b);
    f=ComputeExpress(b);
    printf("计算结果:%f\n",f);
    }
}
void InitStack(SeqStack *S)//初始化栈
{
    S->top=0;
}
int StackEmpty(SeqStack S)//判断栈是否为空
{
   if(S.top==0)
      return 1;
   else
      return 0;
}
int PushStack(SeqStack *S,char e)//进栈
{
    if(S->top>=MaxSize)
    {
        printf("栈已满,不能进栈!");
        return 0;
    }
    else
    {
        S->data[S->top]=e;
```

```c
        S->top++;//元素入栈,栈顶指针增1
        return 1;
    }
}
int PopStack(SeqStack *S,char *e)//删除栈顶元素
{
    if(S->top==0)
    {
        printf("栈已空\n");
        return 0;
    }
    else
    {
        S->top--;
        *e=S->data[S->top];//栈顶指针减1,并取出当前指向元素
        return 1;
    }
}
int GetTop(SeqStack S,char *e)//取栈顶元素(存放非运算符的栈顶元素)
{
    if(S.top<=0)
    {
        printf("栈已空");
        return 0;
    }
    else
    {
        *e=S.data[S.top-1];
        return 1;
    }
}
void TranslateExpress(char str[],char exp[])//把中缀表达式转换为后缀表达式
{
    SeqStack S;
    char ch;
    char e;
    int i=0,j=0;
    InitStack(&S);
    ch=str[i];
```

```c
        i++;
    while(ch!='\0')  //依次扫描中缀表达式
    {
        switch(ch)
        {
        case'(':
            PushStack(&S,ch);
            break;
        case')':
            while(GetTop(S,&e)&&e!='(')
            {
                PopStack(&S,&e);
                exp[j]=e;
                j++;
            }
            PopStack(&S,&e);
            break;
        case'+':
        case'-':
            while(!StackEmpty(S)&&GetTop(S,&e)&&e!='(')
            {
                PopStack(&S,&e);
                exp[j]=e;
                j++;
            }
            PushStack(&S,ch);
            break;
        case'*':
        case'/':
            while(!StackEmpty(S)&&GetTop(S,&e)&&e=='/'||e=='*')
            {
                PopStack(&S,&e);
                exp[j]=e;
                j++;
            }
            PushStack(&S,ch);
            break;   //是空格就忽略
        case' ':
            break;
```

```
            default:
                    while(ch>='0'&&ch<='9')
                    {
                        exp[j]=ch;
                        j++;
                        ch=str[i];
                        i++;
                    }
                    i--;
                    exp[j]=' ';
                    j++;
            }
            ch=str[i];
            i++;
    }
    while(!StackEmpty(S))   //将栈中剩余运算符出栈
    {
        PopStack(&S,&e);
        exp[j]=e;
        j++;
    }
    exp[j]='\0';
}
float ComputeExpress(char a[])//计算后缀表达式的值
{
    OpStack S;
    int i=0;
    float x1,x2,value;
    float result;
    S.top=-1;
    while(a[i]!='\0')  //依次扫描后缀表达式
    {
        if(a[i]!=' '&&a[i]>='0'&&a[i]<='9')//如果是数字
        {
            value=0;
            while(a[i]!=' ')  //如果不是空格
            {
                value=10*value+a[i]-'0';
                i++;
```

```
            }
            S.top++;
            S.data[S.top]=value;  //处理后进栈
        }
        else  //如果是运算符
        {
            switch(a[i])
            {
            case'+':
                x1=S.data[S.top];
                S.top--;
                x2=S.data[S.top];
                S.top--;
                result=x1+x2;
                S.top++;
                S.data[S.top]=result;
                break;
            case'-':
                x1=S.data[S.top];
                S.top--;
                x2=S.data[S.top];
                S.top--;
                result=x2-x1;
                S.top++;
                S.data[S.top]=result;
                break;
            case'*':
                x1=S.data[S.top];
                S.top--;
                x2=S.data[S.top];
                S.top--;
                result=x1*x2;
                S.top++;
                S.data[S.top]=result;
                break;
            case'/':
                x1=S.data[S.top];
                S.top--;
                x2=S.data[S.top];
```

```
                S.top--;
                result=x2/x1;
                S.top++;
                S.data[S.top]=result;
                break;
            }
            i++;
        }
    }
    if(!S.top!=-1)   //如果栈不空,将结果出栈并返回
    {
        result=S.data[S.top];
        S.top--;
        if(S.top==-1)
            return result;
        else
        {
            printf("表达式错误");
            exit(-1);
        }
    }
    return 0;
}
```

12.3 循环队列的操作

【实验内容与要求】

编写一个程序,实现循环队列的各种基本操作,并在此基础上设计一个主程序,完成建立循环队列、入队列、出队列、取队头元素等功能。

【实现提示】

在顺序队列中当队尾指针已经指向队列的最后一个位置时,事实上队列中可能还有空位置,此时若有元素入队列,就会发生"假溢出",为了避免这种情况的发生,引入循环队列。在循环队列中,在少用一个存储空间的前提下,判循环队列空的条件为 q->front==q->rear,判循环队列满的条件为 q->(rear+1)%MAXNUM==q->front。

【参考程序】

```
#include "stdio.h"
#include "stdlib.h"
#include "malloc.h"
#define MAXNUM 10
```

```c
#define Elemtype char
typedef struct
{   Elemtype queue[MAXNUM];
    int front;
    int rear;
}sqqueue;
/*队列初始化*/
int initQueue(sqqueue *q)
{   if(!q) return 0;
    q->front=0;
    q->rear=0;
    return 1;
}
/*入队列*/
int append(sqqueue *q,Elemtype x)
{   if((q->rear+1)%MAXNUM==q->front){printf("\n 队列满!");return 0;}
        q->queue[q->rear]=x;
        q->rear=(q->rear+1)%MAXNUM;
        return 1;
}
/*出队列*/
int delete(sqqueue *q)
{   Elemtype x;
    if(q->front==q->rear) {printf("队列空!\n");  return 0;}
    x=q->queue[q->front];
    q->front=(q->front+1)%MAXNUM;
    printf("\n 对头元素 %d 出队!\n",x);
    return 1;
}
/*遍历队列*/
void display(sqqueue *q)
{   int s;
    s=q->front;
    if(q->front==q->rear)
        printf("对列空!\n");
    else
    {printf("\n 顺序队列依次为:");
        while(s!=q->rear)
        {
```

```c
            printf("%d<- ",q->queue[s]);
            s=(s+1)%MAXNUM;
        }
    printf("\n");
    printf("循环队列的队尾元素所在位置:rear=%d\n",q->rear);
    printf("循环队列的队头元素所在位置:front=%d\n",q->front);
    printf("循环队列的长度为:length=%d\n",(q->rear-q->front+MAXNUM)%MAXNUM);
    }
}
/*建立循环队列*/
void setsqqueue(sqqueue *q)
{   int n,i,m;
    printf("\n请输入循环队列的长度:");
    scanf("%d",&n);
    printf("\n请依次输入循环队列的元素值:\n");
    for(i=0;i<n;i++)
    {
        scanf("%d",&m);
        append(q,m);
    }
}
void main()
{
    sqqueue *head;
    int x,k;
    head=(sqqueue*)malloc(sizeof(sqqueue));
    while(1)
    {
        printf("        --------------------------\n");
        printf("        |      循环队列的操作      |\n");
        printf("        --------------------------\n");
        printf("            1.初始化              \n");
        printf("            2.建立顺序队列         \n");
        printf("            3.入队列              \n");
        printf("            4.出队列              \n");
        printf("            5.遍历队列             \n");
        printf("            0.退出程序             \n");
        printf("        --------------------------\n");
        printf("请输入你的选择:\n");
```

```c
            scanf("%d",&k);
            switch(k)
            {
             case 1:
                 {
                        initQueue(head);
                        printf("\n 已经初始化队列!\n");
                        break;
                 }
             case 2:
                 {
                        setsqqueue(head);
                        printf("\n 已经建立队列!\n");
                        display(head);
                        break;
                 }
             case 3:
                 {
                        printf("请输入入队元素的值:\n");
                        scanf("%d",&x);
                        append(head,x);
                        display(head);
                        break;
                 }
             case 4:
                 {
                        delete(head);
                        display(head);
                        break;
                 }
             case 5:
                 {
                        display(head);
                        break;
                 }
             case 0:exit(0);
             defaule:printf("选择错误,请重新开始\n");
            }
        }
    }
```

第13章 串

【实验目的】
(1) 掌握串的顺序存储方法和链式存储方法。
(2) 掌握基于顺序存储和链式存储的串的模式匹配算法。

【实验内容】

13.1 在顺序存储结构上实现串模式匹配算法

【实验内容与要求】

利用顺序存储结构存储串,并实现串的匹配算法。输入一个主串和模式串,在主串中检索模式串,显示在主串中出现的次数和位置。这里要求用简单的朴素模式匹配算法。

【实现提示】

为了统计模式串出现的个数,不仅需要从主串的第一字符位置开始比较,而且需要从主串的任意给定位置检索模式串。要给出两个算法:一个是标准的朴素模式匹配算法,一个是给定位置的匹配算法。

【参考程序】

```c
#include <stdio.h>
#include <string.h>
#define MAXSIZE 256
typedef struct{
    char ch[MAXSIZE];
    int length;
}SeqString;
/*找模式串 P 在目标串 T 中首次出现的位置,成功返回第 1 个有效位移,否则返回-1*/
int naivematch(SeqString T,SeqString P)
```

```c
{
    int i,j,k;
    int m=P.length;      //模式串长度
    int n=T.length;      //目标串长度
    for(i=0;i<=n-m;i++)
    {
        j=0;k=i;
        while(j<m&&T.ch[k]==P.ch[j])
        {
            k++;j++;
        }
        if(j==m)
            return i;    //i 为有效位移,否则查找下一个位移
    }
    return -1;
}
/*找模式串 P 在目标串 T 中第 k 位置之后出现的位置,成功返回第 1 个有效位移,否则返回-1*/
int partposition(SeqString T1,SeqString P1,int k)
{
    int i,j;
    i=k-1;
    j=0;
    while(i<T1.length&&j<P1.length)
    {
        if(T1.ch[i]==P1.ch[j])
        {
            i++;j++;
        }
        else
        {i=i-j+1;j=0;}
    }
    if(j>=P1.length)   //表示 T1 中存在 P1,返回其起始位置
        return i-P1.length;
    else
        return -1;
}
void main()
{
    int i,j,k;
    SeqString T1,P1;
```

```
    int wz[80];    //记录主子串出现的位置
    i=0;        //计数器清 0
    printf("请输入主字符串:");
    gets(T1.ch);
    printf("请输入模式字符串:");
    gets(P1.ch);
    T1.length=strlen(T1.ch);
    P1.length=strlen(P1.ch);
    j=naivematch(T1,P1);
    if(j>=0)
    {
        k=0;
        while(k<T1.length-1)
        {
            j=partposition(T1,P1,k);    //调用串匹配算法
            if(j<0)
                break;
            else
            {
                i++;
                wz[i]=j;
                k=j+P1.length;    //继续下一次子串的检索
            }
        }
        printf("子串%s 出现在主串中的次数为 %d\n",P1.ch,i);
        printf("%d 次匹配位置分别为:",i);
        for(k=1;k<=i;k++)
            printf("%4d",wz[k]);
        printf("\n");
    }
    else
        printf("子串在主串中不存在\n");
}
```

13.2 在链式存储结构上实现串模式匹配算法和求子串算法

【实验内容与要求】

利用链式存储结构存储串,实现串的匹配算法并求出串的子串。要求用简单的朴素模式

匹配算法。

【实现提示】

标准的朴素匹配算法：设有 3 个指针——shift、t 和 p，用 shift 指示主串 T 每次开始比较的位置；t 和 p 分别指示主串 T 和模式串 P 中当前正在等待比较的字符位置。一开始 T 的第一个字符和模式 P 的第一个字符比较，若相等，则继续逐个比较后续字符，否则从主串的下一个字符起再重新和模式串的字符开始比较。依此类推，直到模式 P 中的所有字符都比较完，如果一直相等，则匹配成功，并返回位置 shift，否则匹配失败，返回 NULL。

【参考程序】

```c
#include <stdio.h>
#include <malloc.h>
typedef struct node{
    char data;
    struct node *next;
}LinkNode,*LinkString;   //结点类型,指针类型
/*输入串,用链式存储结构存储*/
LinkString Input()
{
    LinkString str=NULL;
    LinkNode *p,*r;
    char ch;
    scanf("%c",&ch);
    while(ch!='\n')
    {
        p=(LinkNode*)malloc(sizeof(LinkNode));
        p->data=ch;
        p->next=NULL;
        if(str==NULL)
            str=p;
        else
            r->next=p;
        r=p;
        scanf("%c",&ch);
    }
    return str;
}
/*输出用链式存储结构存储的串*/
void Output(LinkString str)
{
    LinkNode *p;
```

```c
    p=str;
    while(p!=NULL)
    {
        printf("%c",p->data);
        p=p->next;
    }
    printf("\n");
}
/*在链串上求模式串 P 在目标串 T 中首次出现的位置*/
LinkNode *LinkMatch(LinkString T,LinkString P)
{
    LinkNode *shift,*t,*p;
    shift=T;    //shift 表示位移
    t=shift;
    p=P;
    while(t&&p)
    {
        if(t->data==p->data)
        {
            t=t->next;
            p=p->next;
        }
        else      //已确定 shift 为无效位移
        {
            shift=shift->next;    //模式右移,继续判定 shift 是否为有效位移
            t=shift;
            p=P;
        }
    }
    if(p==NULL)
        return shift;    //匹配成功
    else
        return NULL;     //匹配失败
}
/*从串 str 中的第 i 个字符开始,把连续 j 个字符组成的子串赋给 r*/
LinkString SubString(LinkString str,int i,int j)
{
    int k;
    LinkString r=NULL;
```

```
    LinkNode *p,*q,*s;
    p=str;
    k=1;
    while(k<i&&p!=NULL)
    {
        p=p->next;k++;
    }
    if(p==NULL)
        printf("i 出差\n");
    else
    {
        k=1;
        while(k<=j&&p!=NULL)
        {
            s=(LinkNode *)malloc(sizeof(LinkNode));
            s->data=p->data;
            s->next=NULL;
            if(r==NULL)
                r=s;
            else
                q->next=s;
            q=s;
            p=p->next;
            k++;
        }
    }
    return r;
}
void main()
{
    LinkString T,P,C;
    int k,i,j;
    while(1)
    {
        printf("    1.串的匹配      \n");
        printf("    2.求子串        \n");
        printf("    0.结束          \n");
        printf("请输入你的选择:\n");
        scanf("%d",&k);
```

```
            getchar();
            switch(k)
            {
            case 1:
                printf("请输入主串:");
                T=Input();    //输入主串
                printf("请输入模式串:");
                P=Input();    //输入模式串
                if(LinkMatch(T,P))
                    printf("匹配成功!\n");
                else
                    printf("匹配失败!\n");
                break;
            case 2:
                printf("请输入串:");
                T=Input();
              printf("请输入子串的起始位置:");
                scanf("%d",&i);
                printf("请输入子串的长度:");
                scanf("%d",&j);
               C=SubString(T,i,j);
            Output(C);
                break;
            case 0:
                exit(0);
            default:printf("选择错误,重新输入!\n");
            }
        }
    }
```

第14章 树与二叉树

【实验目的】

(1) 熟练掌握二叉树的结构特征,以及各种存储结构的特点及适用范围。掌握在二叉链表存储结构中的常用遍历方法:先序递归遍历、中序递归遍历、后序递归遍历。了解二叉树的层序遍历。

(2) 用树解决实际问题,如哈夫曼编码等。

【实验内容】

14.1 二叉树的建立及各种基本操作

【实验内容与要求】

编写一个程序,实现二叉树的各种基本操作,并在此基础上设计一个主程序,完成输入字符序列,建立二叉链表,按先序、中序、后序、层序遍历二叉树,按某种形式输出二叉树,求二叉树的高度、叶子结点的个数,交换左、右子树等功能。

【实现提示】

按照先根遍历的次序递归生成一个二叉树,即采用二叉链表存储二叉树,然后用递归方法分别对此二叉树进行相应的操作。

【参考程序】

```
#include"stdio.h"
#include"stdlib.h"
#include"malloc.h"
#define M 100
struct tree            //树结点结构
{char data;
 struct tree *left;
```

```c
    struct tree *right;
};
typedef struct tree treenode;
typedef treenode *btree;
/*定义队列*/
btree que[M];
int front=0,rear=0;
btree root=NULL;
int count=0;
/* 模仿先根遍历方法创建二叉树 */
btree createtree()
{ btree pbnode;
  char ch;
  scanf("%c",&ch);
    if(ch=='@') pbnode=NULL;    /*对于'@',不分配新结点*/
  else
  { pbnode = (btree )malloc(sizeof(treenode));
    if(pbnode==NULL)
    { printf("Out of space!\n");
      return pbnode;
    }
    pbnode->data=ch;
    pbnode->left=createtree();   /* 构造左子树 */
    pbnode->right=createtree();  /* 构造右子树 */
  }
  return pbnode;
}
/*中序递归遍历二叉树*/
void inorder(btree ptr)
{
  if(ptr!=NULL)
  { inorder(ptr->left);
    printf("[%2c]",ptr->data);
    inorder(ptr->right);
  }
}
/*先序递归遍历二叉树*/
void preorder(btree ptr)
{
```

```c
        if(ptr!=NULL)
        {printf("[%2c]",ptr->data);
          preorder(ptr->left);
          preorder(ptr->right);
        }
}
/*后序递归遍历二叉树*/
void postorder(btree ptr)
{if(ptr!=NULL)
{
  postorder(ptr->left);
  postorder(ptr->right);
  printf("[%2c]",ptr->data);
}
}
/*利用循环队列按照层次遍历二叉树*/
/*入队*/
void enqueue(btree ptr)
{
    if(front!=(rear+1)%M)
    {rear=(rear+1)%M;
     que[rear]=ptr;}
}
/*出队*/
btree delqueue( )
{
    if(rear==front)
        return NULL;
    front=(front+1)%M;
    return(que[front]);
}
/*实现用循环队列遍历二叉树*/
void levorder(btree ptr)
{
    btree p;
    if(ptr)
    {
        enqueue(ptr);
        while(rear!=front)
```

```
            {
                p=delqueue();
                printf("%3c",p->data);
                if(p->left!=NULL) enqueue(p->left);
                if(p->right!=NULL) enqueue(p->right);
            }
        }
}
/*计算二叉树的深度*/
int treedepth(btree ptr)
{int hl,hr,max;
 if(ptr!=NULL)
 {  hl=treedepth(ptr->left);
    hr=treedepth(ptr->right);
    max=(hl>hr)?hl:hr;
    return(max+1);
 }
 else return(0);
}
/*计算叶子结点数*/
int leafcount(btree ptr)
{
    if(ptr!=NULL)
    {leafcount(ptr->left);
     leafcount(ptr->right);
     if((ptr->left==NULL)&&(ptr->right==NULL))
         count++;
    }
    return(count);
}
/*交换二叉树的左、右子树*/
void exchange(btree ptr)
{btree p;
 if(ptr)
 {p=ptr->left;ptr->left=ptr->right;ptr->right=p;
  exchange(ptr->left);
  exchange(ptr->right);
 }
}
```

```c
/*逆时针旋转90度输出二叉树树形*/
void prtbtree(btree ptr,int level)
{int j;
 if(ptr)
 {prtbtree(ptr->right,level+1);
  for(j=0;j<6*level;j++) printf("  ");
   printf("%c\n",ptr->data);
   prtbtree(ptr->left,level+1);
 }
}
void main()
{
  int k;
  while(1)
  {
      printf("        --------------------------------------\n");
      printf("        |        二叉树的创建及应用           |\n");
      printf("        --------------------------------------\n");
      printf("                1.建立二叉树             \n");
      printf("                2.中序遍历               \n");
      printf("                3.先序遍历               \n");
      printf("                4.后序遍历               \n");
      printf("                5.层序遍历               \n");
      printf("                6.计算二叉树高度         \n");
      printf("                7.计算二叉树中叶子结点个数\n");
      printf("                8.交换二叉树的左、右子树 \n");
      printf("                9.打印二叉树             \n");
      printf("                0.结束程序               \n");
      printf("        --------------------------------------\n");
      printf("请输入你的选择:\n");
      scanf("%d",&k);
      switch(k)
      {
      case 1:printf("输入先根序列:");fflush(stdin);//清空缓存
            root=createtree( );break;
      case 2:printf("中序遍历为:\n");
            inorder(root);
            printf("\n");break;
```

```
             case 3:printf("先序遍历为:\n");
                    preorder(root);
                    printf("\n");break;
             case 4:printf("后序遍历为:\n");
                    postorder(root);
                      printf("\n");break;
             case 5:printf("层序遍历为:\n");
                     levorder(root);
                     printf("\n");break;
             case 6:if(root)
                      {printf("二叉树的高度为:%d",treedepth(root));
                       printf("\n");
                      }
                     else printf("二叉树为空!");
                     break;
             case 7:if(root)
                      {printf("二叉树的叶子结点数为:%d\n",leafcount(root));
                       printf("\n");
                      }
                     else printf("二叉树为空!");
                     break;
             case 8:if(root)
                      {printf("交换二叉树的左、右子树:\n");
                       exchange(root);
                       prtbtree(root,0);
                       printf("\n");
                      }
                     else printf("二叉树为空!\n");
                     break;
             case 9:if(root)
                      {printf("逆时针旋转90度输出二叉树:\n");
                       prtbtree(root,0);
                       printf("\n");
                      }
                     else printf("二叉树为空!\n");
                     break;
             case 0:exit(0);
             }
     }
 }
```

14.2 构造哈夫曼树并对每个字符进行哈夫曼编码

【实验内容与要求】

编写一个程序,构造一棵哈夫曼树,输出对应的哈夫曼编码和平均查找长度,并对表 14-1 中的数据进行验证。

表 14-1 实验数据

单词	The	Of	A	To	and	In	That	He	Is	On	For	His	Are
出现频度	1192	677	541	518	462	450	242	195	190	174	157	138	124

【实现提示】

根据给定的 n 个权值,构造哈夫曼树,然后在进行哈夫曼编码时,令左分支为 0,右分支为 1,对哈夫曼树进行一次遍历,输出哈夫曼编码并计算平均查找长度。

【参考程序】

```
#include <stdio.h>
#include <string.h>
#define N 50            //叶子结点数
#define M 2*N-1         //树中结点总数
typedef struct
{
    char data[5];       //结点值
    int weight;         //权重
    int parent;         //双亲结点
    int lchild;         //左孩子结点
    int rchild;         //右孩子结点
}HTNode;
typedef struct
{
    char cd[N];         //存放哈夫曼码
    int start;
}HCode;
/*构造哈夫曼树*/
void CreateHT(HTNode ht[],int n)
{
    int i,k,lnode,rnode;
    int min1,min2;
    for(i=0;i<2*n-1;i++)
        ht[i].parent=ht[i].lchild = ht[i].rchild=-1;//所有结点的相关域置初值为-1
```

```
        for(i=n;i<2*n-1;i++)//构造哈夫曼树
        {
            min1=min2=32767;//lnode 和 rnode 为最小权重的两个结点位置
            lnode=rnode=-1;
            for(k=0;k<=i-1;k++)
                if(ht[k].parent==-1)
                {
                    if(ht[k].weight<min1)
                    {
                        min2=min1;
                        rnode=lnode;
                        min1=ht[k].weight;
                        lnode=k;
                    }
                    else if(ht[k].weight<min2)
                    {
                        min2=ht[k].weight;
                        rnode=k;
                    }
                }
            ht[lnode].parent=i;
            ht[rnode].parent=i;
            ht[i].weight=ht[lnode].weight+ht[rnode].weight;
            ht[i].lchild=lnode;
            ht[i].rchild=rnode;
        }
}
/*构造哈夫曼编码*/
void CreateHCode(HTNode ht[],HCode hcd[],int n)
{
    int i,f,c;
    HCode hc;
    for(i=0;i<n;i++)
    {
        hc.start=n;
        c=i;
        f=ht[i].parent;
        while(f!=-1)
        {
```

```c
                if(ht[f].lchild==c)
                    hc.cd[hc.start--]='0';
                else
                    hc.cd[hc.start--]='1';
                c=f;
                f=ht[f].parent;
            }
            hc.start++;
            hcd[i]=hc;
        }
    }

    /*输出哈夫曼编码*/
    void DispHCode(HTNode ht[],HCode hcd[],int n)
    {
        int i,k;
        int sum=0,m=0,j;
        printf(" 输出哈弗曼编码:\n");
        for(i=0;i<n;i++)
        {
            j=0;
            printf("    %s:\t",ht[i].data);
            for(k=hcd[i].start;k<=n;k++)
            {
                printf("%c",hcd[i].cd[k]);
                j++;
            }
            m+=ht[i].weight;
            sum+=ht[i].weight*j;
            printf("\n");
        }
        printf("\n 平均长度=%g\n",1.0*sum/m);
    }
    void main()
    {
        int n=15,i;
        char *str[]={"The","of","a","to","and","in","that","he","is","on","for","His""Are"};
        int fnum[]={1192,677,541,518,462,450,242,195,190,174,157,138,124 };
        HTNode ht[M];
```

```
    HCode hcd[N];
    for(i=0;i<n;i++)
    {
        strcpy(ht[i].data,str[i]);
        ht[i].weight=fnum[i];
    }
    printf("\n");
    CreateHT(ht,n);
    CreateHCode(ht,hcd,n);
    DispHCode(ht,hcd,n);
    printf("\n");
}
```

第15章 图

【实验目的】
(1) 掌握图的基本储存方法。
(2) 掌握有关图的操作算法并用高级语言实现。
(3) 掌握图的两种搜索路径的遍历方法。
(4) 掌握图的有关应用。

【实验内容】

15.1 建立无向图的邻接矩阵存储并输出

【实验内容与要求】
建立无向图的邻接矩阵并输出此邻接矩阵。

【实现提示】
用二维数组存储图中各顶点之间的相邻关系及权值,G[i][j]=G[j][i]代表无向图,它属于静态存储方式。

【参考程序】

```
#include <stdio.h>
#include <stdlib.h>
#define MAX 20    /*图的最大顶点数*/
typedef int VexType;
typedef VexType Mgraph[MAX][MAX];/*Mgraph 是二维数组类型标识符*/
Mgraph G;     /*G 是邻接矩阵的二维数组名*/
//也可以直接定义   int G[MAX][MAX];
int n,e,v0;
/*主函数*/
```

```
void main()
{
    creat_mg();
    output_mg();
}
/*建立无向图邻接矩阵*/
creat_mg( )
{
    int i,j,k,weigh;
    printf("\n 请输入无向图的顶点数和边数,如(6,5):");
    scanf("%d,%d",&n,&e);
    for(i=1;i<=n;i++)
        for(j=1;j<=n;j++)
            G[i][j]=0;
    for(k=1;k<=e;k++)
    {
        printf("\n 请输入每条边的两个顶点的编号和权值,如(2,5,10):");
        scanf("%d,%d,%d",&i,&j,&weigh);
        G[i][j]=weigh;G[j][i]=weigh;
    }
}
output_mg( )
{
    int i,j;
    for(i=1;i<=n;i++)
    {
        printf("\n");
        for(j=1;j<=n;j++) printf("%5d",G[i][j]);
    }
    printf("\n");
}
```

15.2　工程造价问题

【实验内容与要求】

假设有 n 个城市,要使 n 个城市之间都能够相互通信并构造 n 个城市之间的通信网络,使工程的造价最低,设计满足要求的最低造价方案。

【实现提示】

可以用带权的无向图表示这 n 个城市之间的通信,其中顶点表示城市,权值表示城市之间的通信工程造价,构造一个无向图的邻接矩阵,用 Prim 算法求解无向网的最小生成树,这个最小生成树就是满足要求的最低造价方案。

【参考程序】

```c
#include <stdio.h>
#define n 6
#define MaxNum 10000   /*定义一个最大整数*/
/*定义邻接矩阵类型*/
typedef int adjmatrix[n+1][n+1];   /*0号单元没用*/
typedef struct{
    int fromvex,tovex;      /*起点和终点*/
    int weight;             /*权值*/
}Edge;                      /*边的结构体定义*/
typedef Edge *EdgeNode;
int arcnum;       /*边的个数*/
/*建立图的邻接矩阵*/
void CreatMatrix(adjmatrix GA){
    int i,j,k,e;
    printf("图中有%d个顶点\n",n);
    for(i=1;i<=n;i++){
        for(j=1;j<=n;j++){
            if(i==j){
                GA[i][j]=0;         /*对角线的值置为0*/
            }
            else{
                GA[i][j]=MaxNum;    /*其他位置的值初始化为一个最大整数*/
            }
        }
    }
    printf("请输入边的个数:");
    scanf("%d",&arcnum);
    printf("请输入边的信息,按照起点、终点、权值的形式输入:\n");
    for(k=1;k<=arcnum;k++){
        scanf("%d,%d,%d",&i,&j,&e);   /*读入边的信息*/
        GA[i][j]=e;
        GA[j][i]=e;
    }
}
```

```c
/*初始化图的边集数组*/
void InitEdge(EdgeNode GE,int m){
    int i;
    for(i=1;i<=m;i++){
        GE[i].weight=0;
    }
}
/*根据图的邻接矩阵生成图的边集数组*/
void GetEdgeSet(adjmatrix GA,EdgeNode GE){
    int i,j,k=1;
    for(i=1;i<=n;i++){
        for(j=i+1;j<=n;j++){
            if(GA[i][j]!=0&&GA[i][j]!=MaxNum){
                GE[k].fromvex=i;
                GE[k].tovex=j;
                GE[k].weight=GA[i][j];
                k++;
            }
        }
    }
}
/*按升序排列图的边集数组*/
void SortEdge(EdgeNode GE,int m){
    int i,j,k;
    Edge temp;
    for(i=1;i<m;i++){
        k=i;
        for(j=i+1;j<=m;j++){
            if(GE[k].weight>GE[j].weight){
                k=j;
            }
        }
        if(k!=i){
            temp=GE[i];GE[i]=GE[k];GE[k]=temp;
        }
    }
}
/*利用 Prim 算法从初始点 v 出发求邻接矩阵表示的图的最小生成树*/
void Prim(adjmatrix GA,EdgeNode T){
```

```c
    int i,j,k,min,u,m,w;
    Edge temp;
    /*给T赋初值,对应为v1依次到其余各顶点的边*/
    k=1;
    for(i=1;i<=n;i++){
        if(i!=1){
            T[k].fromvex=1;
            T[k].tovex=i;
            T[k].weight=GA[1][i];
            k++;
        }
    }
    /*进行n-1次循环,每次求出最小生成树中的第k条边*/
    for(k=1;k<n;k++){
        min=MaxNum;
        m=k;
        for(j=k;j<n;j++){
            if(T[j].weight<min){
                min=T[j].weight;m=j;
            }
        }
        /*把最短边对调到k-1下标位置*/
        temp=T[k];
        T[k]=T[m];
        T[m]=temp;
        /*把新加入最小生成树T中的顶点序号赋给j*/
        j=T[k].tovex;
        /*修改有关边,使T中到T外的每一个顶点保持一条到目前为止最短的边*/
        for(i=k+1;i<n;i++){
            u=T[i].tovex;
            w=GA[j][u];
            if(w<T[i].weight){
                T[i].weight=w;T[i].fromvex=j;
            }
        }
    }
}
/*输出边集数组的每条边*/
void OutEdge(EdgeNode GE,int e){
```

```
    int i;
    printf("按照起点、终点、权值的形式输出的最小生成树为:\n");
    for(i=1;i<=e;i++){
        printf("%d,%d,%d\n",GE[i].fromvex,GE[i].tovex,GE[i].weight);
    }
}
void main(){
    adjmatrix GA;
    Edge GE[n*(n-1)/2],T[n];
    CreatMatrix(GA);
    InitEdge(GE,arcnum);
    GetEdgeSet(GA,GE);
    SortEdge(GE,arcnum);
    Prim(GA,T);
    printf("\n");
    OutEdge(T,n-1);
}
```

第16章 查找

【实验目的】

(1) 掌握几种典型的查找方法。

(2) 对各种算法的特点、使用范围和效率有进一步的了解,并能使用高级语言实现查找算法。

【实验内容】

16.1 简单查找

【实验内容与要求】

设计一个程序,用于演示顺序查找、折半查找,要求采用菜单的形式进行选择。

【实现提示】

建立一个顺序表,数据元素从下标为 1 的单元开始放入,将待查的关键字存入下标为 0 的单元,即监视哨,监视哨的作用是:首先可以省去判断循环中下标越界的条件,从而节约比较时间,其次可以保存查找的副本,直到下标为 0 时才找到关键字,说明查找失败;若不到下标为 0 时找到关键字,则查找成功。折半查找即本书中的二分法检索。

【参考程序】

```
#include <stdio.h>
#include <stdlib.h>
#define KEY int
#define MAXSIZE 100
typedef struct
{
    KEY key;
}SSELEMENT;
```

```c
typedef struct
{
    SSELEMENT r[MAXSIZE];
    int len;
}SSTABLE;
SSTABLE a;
/*顺序表上查找元素*/
int search_seq(int k,SSTABLE *st)
{
    int j;
    j=st->len;         /*顺序表元素个数*/
    st->r[0].key=k;    /*st->r[0]单元作为监视哨*/
    while(st->r[j].key!=k)    /*顺序表从后向前查找*/
        j--;
    return j;
}
/*创建一个顺序表*/
creat()
{
    int i,j,k;
    printf("请输入顺序表元素,元素为整形,用空格分开,-99为结束标志");
    j=0;
    k=1;
    i=0;
    scanf("%d",&i);
    while(i!=-99)
    {
        j++;
        a.r[k].key=i;
        k++;
        scanf("%d",&i);
    }
    a.len=j;
    printf("\n顺序表元素列表显示:");
    for(i=1;i<=a.len;i++)
        printf("%d  ",a.r[i].key);
    printf("\n");
}
```

```
/*有序表上折半查找*/
int search_bin(int k,SSTABLE *st)
{
    int low,high,mid;
    low=1;
    high=st->len;
    while(low<=high)
    {
        mid=(low+high)/2;
        if(k==st->r[mid].key)
            return mid;
        else if(k<st->r[mid].key)
                high=mid-1;
            else
                low=mid+1;
    }
    return 0;
}

main()
{
    int i,k,m;
    while(1)
    {
        printf("       ------------------------------\n");
        printf("      |           典型查找算法        |\n");
        printf("       ------------------------------\n");
        printf("              1.顺序查找            \n");
        printf("              2.二分法查找          \n");
        printf("              0.结束程序            \n");
        printf("       ------------------------------\n");
        printf("请输入你的选择:\n");
        scanf("%d",&m);
        switch(m)
        {
            case 1: {creat();
                    printf("\n输入待查元素关键字:");
                    scanf("%d",&i);
                    k=search_seq(i,&a);
```

```
            if(k==0)
                printf("表中待查元素不存在\n\n");
             else
                printf("表中待查元素存在,位置为:%d\n\n",k);
            break;
            }
     case 2: {creat();
            printf("\n 输入待查元素关键字:");
            scanf("%d",&i);
            k=search_bin(i,&a);
            if(k==0)
                printf("表中待查元素不存在\n\n");
             else
                printf("表中待查元素存在,位置为%d:\n\n",k);
            break;
            }
     case 0: exit(0);
     }
   }
}
```

16.2 哈 希 查 找

【实验内容与要求】

用除留余数法构造一个哈希函数,生成一个哈希表,用开地址法中的线性探测再散列法作为解决冲突的方法,编程实现哈希表的建立、插入和查找算法。

【实现提示】

算法的关键过程实际上就是哈希表的创建和查找两个步骤。哈希表的创建也即依次插入元素到哈希表中。

【参考程序】

```
#include <stdio.h>
#define MAX 100
int ha[MAX],hlen[MAX],n,m,p;
/*建立哈希表,将给定关键字插入哈希表中*/
void creathash()
{
    int i,d,sum,key[MAX];
    float average;
    printf("=========建立散列表=======\n");
```

```
printf("输入元素个数n:");
scanf("%d",&n);
printf("输入哈希表长度m:");
scanf("%d",&m);
printf("散列函数:h(k)=k MOD p:");
printf("输入p:");
scanf("%d",&p);
for(i=0;i<m;i++)
   ha[i]=hlen[i]=0; /*ha[i]为哈希表存储空间,hlen[i]为第i个元素的查找长度*/
printf("输入n个元素:");
for(i=0;i<n;i++)
   scanf("%d",&key[i]);
for(i=0;i<n;i++)
 { sum=1;         /*sum为检索次数*/
   d=key[i]%p;
   if(ha[d]==0)
    { ha[d]=key[i];
      hlen[d]=sum;
    }
   else
   {
      do
      {
         d=(d+1)%m;
         sum=sum+1;
      }while(ha[d]!=0);
      ha[d]=key[i];
      hlen[d]=sum;
   }
 }
printf("哈希表地址:");
for(i=0;i<m;i++)
   printf("%-4d",i);
printf("\n");
printf("哈希表关键字:");
for(i=0;i<m;i++)
   printf("%-4d",ha[i]);
printf("\n");
printf("检索长度:");
```

```c
    for(i=0;i<m;i++)
      printf("%-4d",hlen[i]);
    printf("\n");
    average=0;
    for(i=0;i<m;i++)
      average=average+hlen[i];
    average=average/n;
    printf("平均检索长度:ASL(%d)=%f\n",n,average);
}
/*哈希表查找函数*/
void findhash()
{
    int x,d;
    printf("请输入查找的值:");
    scanf("%d",&x);
    d=x%p;
    while(ha[d]!=0&&ha[d]!=x)

      d=(d+1)%m;
    if(ha[d]==0)
      printf("输入的查找值不存在\n");
    else printf("查找成功:ha[%d]=%d\n",d,x);
}
main()
{creathash();
 while(1)
 findhash();
 }
```

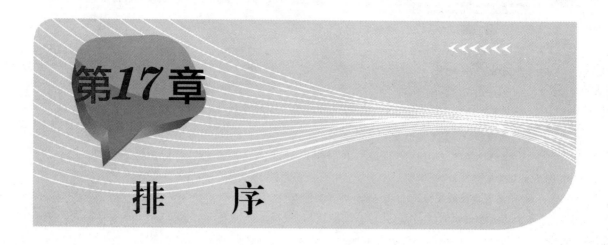

第17章 排 序

【实验目的】

(1) 通过实验掌握排序的基本概念，对排序的稳定性及排序的时间复杂度有深刻的认识。

(2) 掌握几种常用排序算法的基本思想和算法实现，并加以灵活应用。

【实验内容】

17.1 各种排序算法的实现

【实验内容与要求】

编写一个程序，用菜单选择各种排序算法，对所给数据进行排序，并显示排序前与排序后的结果。

【实现提示】

首先把各种排序算法以子函数的形式写出算法，然后用菜单选择使用某一算法来进行排序，并对排序后的结果进行输出。

【参考程序】

```
#include <stdio.h>
#include <iostream.h>
#include <stdlib.h>
#define MAXSIZE 50
struct Node;
typedef struct Node Listnode;
struct Node{
    int info;
    Listnode *next;
```

};
/*构造待排序记录*/
```c
int Makelist(int data[])
{
    int N,i;
    printf("请输入待排序记录的个数N:");
    scanf("%d",&N);
    printf("请输入%d个待排序记录:",N);
    for(i=0;i<N;i++)
    scanf("%d",&data[i]);
    return N;
}
```
/*表插法中链表的创建*/
```c
Listnode *creat(int data[],int N)
{
    Listnode *p,*L,*q;
    int i;
    q=(Listnode *)malloc(sizeof(struct Node));
    L=q;
    for(i=0;i<N;i++)
    {
        p=(Listnode *)malloc(sizeof(struct Node));
        p->info=data[i];
        q->next=p;
        q=p;
    }
    q->next=NULL;
    return(L);
}
```
/*表插法排序*/
```c
Listnode *listsort(Listnode *plist)
{
    Listnode *p,*q,*now,*pre,*head;
    head=plist;
    pre=head->next;
    if(pre==NULL) return(head);
    now=pre->next;
    if(now==NULL) return(head);
    while(now!=NULL)
```

```
        {
          q=head;
          p=head->next;
          while(p!=now&&p->info<=now->info)
          {
                q=p;
                p=p->next;
          }              //循环结束找到插入位置
          if(p==now)
          {
             pre=pre->next;
             now=pre->next;
             continue;}     //now 应放在原位置
         pre->next=now->next;    //now 记录脱链
         q->next=now;
         now->next=p;        //将 now 记录插入链表中
         now=pre->next;
     }
    return(head);
}
/*链表输出*/
listprt(Listnode *head)
{
    Listnode *p;
    p=head->next;
    while(p!=NULL)
    {
        printf("%3d",p->info);
        p=p->next;
    }
}
/*数组输出*/
prt(int data[],int N)
{
    int i;
    for(i=0;i<N;i++)
    printf("%4d",data[i]);
    printf("\n");
}
```

```c
/*直接插入排序*/
insertsort(int data[],int N)
{
    int i,j,temp;
    for(i=1;i<N;i++)
    {
        temp=data[i];
        j=i-1;
        while(temp<data[j]&&j>=0)
        {
            data[j+1]=data[j];
            j--;
        }
        if(j!=(i-1))
            data[j+1]=temp;
    }
    prt(data,N);
}
/*二分法插入排序*/
binsort(int data[],int N)
{
    int i,j,left,right,mid,temp;
    for(i=1;i<N;i++)
    {
        temp=data[i];
        left=0;
        right=i-1;
        while(left<=right)
        {
            mid=(left+right)/2;
            if(temp<data[mid])      //插入元素应在左子区间
                right=mid-1;
            else
                left=mid+1;         //插入元素应在右子区间
        }
        for(j=i-1;j>=left;j--)
            data[j+1]=data[j];
        if(left!=i)
            data[left]=temp;
```

```c
    }
        prt(data,N);
}


/*直接选择排序*/
void selesort(int data[],int N)
{
    int i,j,k,temp;
    for(i=0;i<N-1;i++)
    {
       k=i;
       for(j=i+1;j<N;j++)
           if(data[j]<data[k])
               k=j;
       if(k!=i)
       {
            temp=data[i];
            data[i]=data[k];
            data[k]=temp;
       }
    }
    prt(data,N);
}


/*冒泡排序*/
void bublesort(int data[],int N)
{
 int i,j,temp;
 for(i=0;i<N-1;i++)
 {
      for(j=0;j<N-i-1;j++)
          if(data[j+1]<data[j])
          {
               temp=data[j+1];
               data[j+1]=data[j];
               data[j]=temp;
          }
 }
        prt(data,N);
```

```
}
/*快速排序*/
void quicksort(int data[],int l,int r)
{
 int i,j,temp;
    if(l>=r) return;   //只有一个记录
    i=l;j=r; temp=data[i];
    while(i!=j)
    {
      while((data[j]>=temp)&&(j>i))
          j--;
          if(i<j)   data[i++]=data[j];   //从右向左扫描
      while((data[i]<=temp)&&(j>i))
          i++;
          if(i<j)   data[j--]=data[i];
 }                             //从左向右扫描
      data[i]=temp;
   quicksort(data,l,i-1);
   quicksort(data,i+1,r);
}
/*堆排序的筛选函数*/
void sift(int data[],int i,int m)
{
   int j,temp;

    temp=data[i];
    j=2*i+1;
    while(j<=m)
    {
      if(j<m&&data[j]<data[j+1])
          j++;
      if(temp<data[j])
      {data[i]=data[j];     //将大的子结点上移
       i=j;
       j=2*i+1;
      }
      else break;
    }
    data[i]=temp;
```

```c
}
/*堆排序*/
void heapsort(int data[],int N)
{
   int i,temp;
   for(i=N/2-1;i>=0;i--)
      sift(data,i,N);   //建初始堆
   for(i=N-1;i>=1;i--)
   {
      temp=data[0];     //堆顶和堆中最后记录交换
      data[0]=data[i];
      data[i]=temp;
      sift(data,0,i-1); //重新调整建堆
   }
}
void main()
{
   int a[MAXSIZE],c,N;
   Listnode *head,*M;

   while(1)
   {
     printf("请选择排序方法:\n");
     printf("        ---------------------------\n");
     printf("        |      常用排序算法       |\n");
     printf("        ---------------------------\n");
     printf("             1.直接插入           \n");
     printf("             2.二分法排序         \n");
     printf("             3.表插入排序         \n");
     printf("             4.直接选择排序       \n");
     printf("             5.冒泡排序           \n");
     printf("             6.快速排序           \n");
     printf("             7.堆排序             \n");
     printf("             0.退出程序           \n");
     printf("        ---------------------------\n");
     scanf("%d",&c);
     switch(c)
     {case(1):
           N=Makelist(a);
```

```
            printf("排序前序列为:");
            prt(a,N);
            printf("排序后序列为:");
            insertsort(a,N);
            break;
        case(2):
            N=Makelist(a);
            printf("排序前序列为:");
            prt(a,N);
            printf("排序后序列为:");
            binsort(a,N);
            break;
        case(3):
            N=Makelist(a);
            printf("排序前序列为:");
            prt(a,N);
            printf("排序后序列为:");
            head=creat(a,N);
            M=listsort(head);
            listprt(M);
            break;
        case(4):
            N=Makelist(a);
            printf("排序前序列为:");
            prt(a,N);
            printf("排序后序列为:");
            selesort(a,N);
            break;
        case(5):
            N=Makelist(a);
            printf("排序前序列为:");
            prt(a,N);
            printf("排序后序列为:");
            bublesort(a,N);
            break;
        case(6):
            N=Makelist(a);
            printf("排序前序列为:");
            prt(a,N);
```

```
                printf("排序后序列为:");
                quicksort(a,0,N-1);
                prt(a,N);
                break;
            case(7):
                N=Makelist(a);
                printf("排序前序列为:");
                prt(a,N);
                printf("排序后序列为:");
                heapsort(a,N);
                prt(a,N);
                break;
            case(0):
                exit(0);
            default:printf("选择错误,重新输入!");
        }
    }
}
```

17.2　将文件中的字符进行排序

【实验内容与要求】

建立一个文本文件"in.txt",输入若干行字符串(文件中的数据可自拟),每个串以回车符结束。从文件中按行读取字符并存入二维字符数组。将排序后的二维字符数组输出到另一个文本文件"out.txt"中。

【实现提示】

先将指定文本文件"in.txt"中的数据按行读入一个二维字符数组,然后对该二维字符数组中的字符按行执行直接插入排序,最后将已排好序的数据按行写入另一个文本文件"out.txt"中。

【参考程序】

```
#include <stdio.h>
#include <string.h>
char xx[50][80];
int maxline=0;    //行计数器,记录文件行数
void readtxt(void);
void selectsort(void);
void writetxt(void);
void main()
{
```

```c
    readtxt();      //读文件函数声明
    selectsort();   //排序函数声明
    writetxt();     //写函数声明
}
/*读文件函数,将"in.txt"中的数据读入二维字符数组*/
void readtxt(void)
{
    FILE *fp; int i=0; char *p;
    fp=fopen("in.txt","r");   //用只读方式打开"in.txt"文件
    while(fgets(xx[i],80,fp)!=NULL)
    {
        p=strchr(xx[i],'\n');   //将各行中的'\n'代之以NULL
        if(p) xx[i][p-xx[i]]=0;
        i++;
    }
    maxline=i;      //记录文件总行数
    fclose(fp);     //关闭文件
}
/*直接插入排序*/
void selectsort(void)
{
    int n,i,j,len; char k;
    for(n=0;n<maxline;n++)
    {
        len=strlen(xx[n]);    //确定各行的长度
        for(i=0;i<len;i++)
        {
            k=xx[n][i];j=i-1;   //k是哨兵
            while(k<xx[n][j])   //由后向前查找插入位置
            {
                if(j<0) break;
                xx[n][j+1]=xx[n][j]; j--;
            }
            xx[n][j+1]=k;
        }
    }
}
/*写文件函数,将排序后的数据写入"out.txt"*/
void writetxt(void)
```

```
{
    FILE *fp; int i;
    fp=fopen("out.txt","w");     //以写方式打开"out.txt"
    for(i=0;i<maxline;i++)
        fprintf(fp,"%s\n",xx[i]);    //将排序后的数据写入"out.txt"
    fclose(fp);       //关闭文件
}
```

第三篇

数据结构课程设计

第18章 数据结构课程设计概述

18.1 课程设计的目的

数据结构课程设计是学习了数据结构课程后的一个综合性实践教学环节，是对课程理论和课程实验的综合和补充。它主要培养学生综合运用已学过的理论和技能去分析和解决实际问题的能力，对加深课程理论的理解和应用、切实加强学生的实践动手能力和创新能力具有重要意义。课程设计是大学生必不可少的一个综合理论实践环节。

通过课程设计的学习与实践，能够提高学生的算法设计能力，培养初步的独立分析和设计程序的能力；使学生初步掌握软件开发过程的问题分析、算法设计、程序编码、测试调试等基本方法和技能。

通过数据结构课程设计训练，应使学生实现以下目标：

（1）结合 C 语言程序设计、数据结构的理论知识，按要求独立设计方案，培养独立分析、解决问题的能力。

（2）学会查阅相关手册和资料，通过查阅手册和资料，进一步熟悉常用算法的用途和技巧，掌握这些算法的具体意义并利用这些算法解决实际问题。

（3）熟练掌握程序的编译、连接与运行的方法。

（4）掌握程序的调试技术，进一步熟悉常用基本算法的使用方法。

（5）认真撰写总结报告，培养严谨的作风和科学的态度。

18.2 课程设计的实施步骤

1. 选题

学生根据自己的兴趣爱好按指导教师公布的课题进行选题，然后着手准备资料。学生也可以自己选题，但课题经过指导教师的批准后方可进行。

2. 制定具体的设计方案

学生应在指导教师的指导下着手进行程序设计总体方案的总结与论证，根据自己所接受的设计题目制定出具体的实施方案，并开始实施。

3. 程序设计与调试

学生在指导教师的指导下应完成所接受题目的程序设计工作，并上机调试和运行，最后得出预期的结果。

4. 撰写课程设计总结报告

课程设计总结报告是对课程设计工作的整理和总结，主要包括课程设计的总体设计方案、算法设计、程序测试与调试等部分。

18.3 课程设计总结报告的撰写规范

课程设计总结报告是在完成设计、编程、调试后，对学生归纳技术文档、撰写科学技术总结报告能力的训练，以培养学生严谨的作风和科学的态度。通过撰写课程设计总结报告，不仅可以对设计、安装、调试及技术参考等内容进行全面总结，而且还可以把实践内容提升到理论高度。课程设计总结报告应包含如下内容：

（1）封面；
（2）设计任务和技术要求；
（3）内容摘要；
（4）总体设计方案（方案的论证和框图等）；
（5）数据结构和算法设计（数据结构的选择、算法原理的阐述）；
（6）程序设计（源程序清单与注释等）；
（7）程序调试与参数测试（使用程序调试的方法和技巧，选用合理的参数和数据进行程序系统测试等）；
（8）总结（使用价值、程序设计的特点，以及方案的优缺点、改进方向和意见）；
（9）主要参考文献。

第19章 课程设计案例

19.1 设计要求

设计一个图书信息管理系统,实现图书的入库、借阅、归还、查询以及图书和读者的管理等功能。

在许多应用的处理方面,特别是在处理面向事务管理类型的问题时,如财务管理、图书管理、资料管理、人事档案管理等,都将涉及大量的数据处理。由于内存不适合存储这类数量很大而且保存期又较长的数据,因此一般将它们存于外存设备中,通常把这种存放在外存中的数据结构称为文件。

文件是多个性质相同的记录的集合。文件存储的数据量通常很大,它被放置在外存文件中。数据结构中所讨论的文件主要是数据库意义上的文件,而不是操作系统意义上文件。本案例中的图书信息表和读者信息表就是数据库文件。

19.2 设计分析

各功能模块之间的关系如图 19-1 所示。

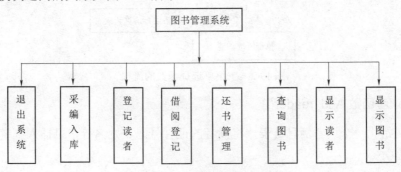

图 19-1 各功能模块之间的关系

进入系统后首先进行图书初始化，输入图书的信息。初始化之后，进入系统，显示功能列表，可选择任意系统，但在借书之前要先输入读者信息。

1. 主函数 main( )

主函数通过建立"book.txt"和"reader.txt"两个文件，对图书信息和读者信息进行保存，以方便用户下一次操作。通过 if 语句判断读者是否是第一次登录，若是，则要进行初始化，否则直接进入主菜单进行功能选择。

若读者第一次进入系统,则对读者的图书信息初始化,通过"p0=(RD*)malloc(sizeof(RD))"为读者申请读者链表节点，并初始化读者链表，包括读者的图书证号、姓名，并把所借图书数量置为 0。

保存读者函数 Save_Reader( )：此函数首先创建文件指针 FILE*fp_reader，然后创建文件，把读者链表中的读者信息写进文件，写入成功，则对读者信息进行保存；若写入失败，则释放所有节点。

加载读者函数 Load_Reader( )：若读者是再次登录图书系统，则对读者的信息进行加载。通过"fp=fopen("Reader.txt","rb")"打开读者文件，读出读者信息，重新链入链表，从而对读者图书信息进行加载。

2. 主菜单选择函数 Menu_select( )

此函数包括退出系统、采编入库、登记读者、借阅登记、还书管理、查询图书、显示读者、显示图书等几个函数，通过调用主菜单函数判断用户作出选择，从而进行相应操作。其流程图如 19-2 所示。

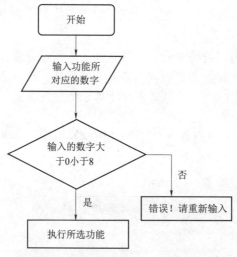

图 19-2　主菜单选择函数的流程

3. 登记读者函数 Add_reader( )

此函数初始化一个读者信息链表，将读者的证件号码、姓名等信息插入到链表上。其流程如图 19-3 所示。

图 19-3 登记读者函数的流程

4. 新书入库函数 Insert_new_book( )

此函数通过创建一个图书链表,对新书进行判断,若在现有的图书中找到该书,则直接入库,并记录图书数量;若找完图书表也没有相关信息,则直接入库,并记录图书的名称、作者、数量,并把该书插入到已有的链表中,方便下次对新书进行判断。其流程如图 19-4 所示。

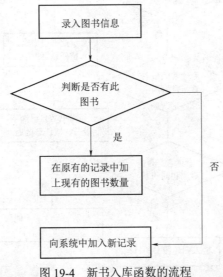

图 19-4 新书入库函数的流程

5. 借书函数 Borrow_book( )

根据读者输入的借书证号,利用 while 循环对读者链表进行遍历,查找是否存在该读者,若读者不存在,则提示该读者的借书证号不存在。若读者存在,根据读者输入的要借的图书编号,利用 while 循环遍历查找该书,若该书不存在,则显示此书不存在,若该书存在,利用 if 判断是否还有库存,若无库存,再提示此书已借完,若还有库存,再利用 if 语句判断该读者是否达到最大值,若已达到最大值,则提示读者借书已满,若还未达到最大值,则利用 if 语句判断该读者是否已借书,若从未借过书,则直接借书,若已经借书,然后利用 for 循环和 if 语句判断此次借书是否和以前借书有重复,若重复,则提示读者不能借两本相同的书,若不重复,则让读者输入还书的日期,并把读者的所借的图书量加 1,并把图书的库存量减 1。其流程如图 19-5 所示。

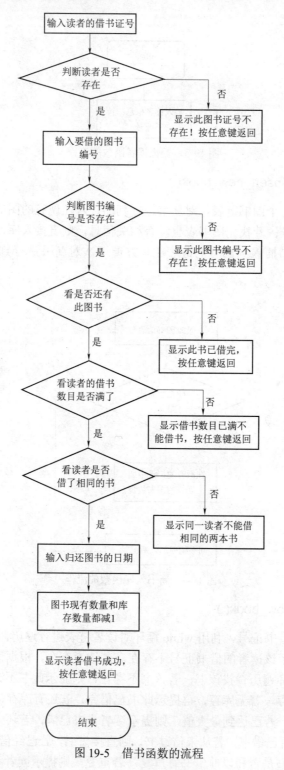

图 19-5　借书函数的流程

6. 还书函数 Return_Book( )

此函数也是用图书链表和读者链表对读者还书进行操作，根据读者输入的借书证号，利用 While 循环对读者链表进行遍历，查找是否存在该读者，若读者不存在，则提示该读者的图书证号不存在；若读者存在，根据读者输入的要还的图书编号，利用 While 循环遍历确定是否存在该图书，若该书不存在，则显示此书编号不存在，若该书存在，则利用 for 循环把读者图书链表中要还书后面的书向前移一个单位，覆盖链表中该书的信息，并把读者的借书量减 1，把图书的库存量加 1。其流程如图 19-6 所示。

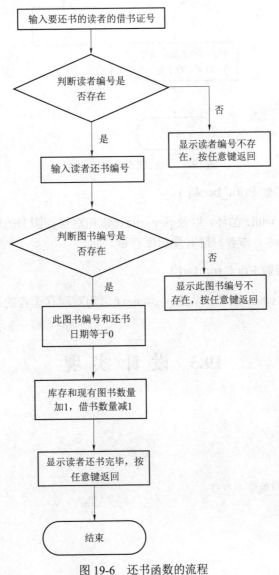

图 19-6　还书函数的流程

7．查找图书函数 Find_book( )

该函数对现有的图书链表进行查找，若找到，则显示图书的名称、编号、作者、现有量以及库存量，否则显示此图书编号不存在。其流程如图 19-7 所示。

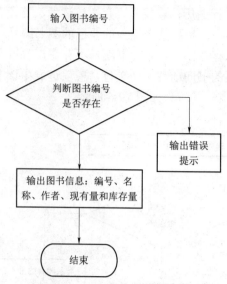

图 19-7 查找图书函数的流程

8. 显示图书信息函数 Print_book( )

此函数利用指针和 while 循环,以及 p=p->next 语句对现存图书的链表进行遍历,显示所有现存图书的编号、名称、作者、现有量和库存量。

9. 显示读者信息函数 Print_reader( )

此函数利用指针和 while 循环,以及 p=p->next 语句对现存读者的链表进行遍历,显示所有现存读者的信息。

19.3　设　计　实　现

```
#include<stdio.h>
#include <string.h>
#include <stdlib.h>
#include<conio.h>
#define Max 4  //最多只能借4本书

typedef struct book
{
    char book_num[10];
    char book_name[20];
    char book_writer[10];
    int book_xy;
    int book_kc;
    struct book *next;
```

```c
}BK;

typedef struct borrow
{
    char borrow_book_num[10];
    char limit_date[8];
}BO;

typedef struct reader
{
    char reader_num[10];
    char reader_name[10];
    int right;
    BO borrow[Max];
    struct reader *next;
}RD;
BK *h_book;
RD *h_reader;

int Menu()  /*主菜单*/
{
    int dm;
    printf("\n\t\t\t\t 图书管理系统主菜单\t\t\t\t\t\t\n");
    printf("============================================================
======\n");
    printf("\t\t\t\t0----退出系统          \n");
    printf("\t\t\t\t1----采编入库          \n");
    printf("\t\t\t\t2----登记读者          \n");
    printf("\t\t\t\t3----借阅登记          \n");
    printf("\t\t\t\t4----还书管理          \n");
    printf("\t\t\t\t5----查询图书信息      \n");
    printf("\t\t\t\t6----显示读者信息      \n");
    printf("\t\t\t\t7----显示图书信息      \n");
    printf("============================================================
======\n");
    printf("请您选择相应的代码:");
    for(;;)
    { scanf("%d",&dm);  //dm输入的数字
    if(dm<0||dm>7)
```

```
            printf("\n 错误!请重新输入:");
        else break;
    }
    return dm;
}

void Init()  /*图书信息初始化*/
{
    BK *p0;
    printf("\n\n\n****************欢迎您进入图书管理系统*********************\n\n");
    printf("\n 图书初始化正在开始...请您输入图书信息...\n 包括图书编号、图书名称、图书作者和图书数量。\n");
    p0=(BK*)malloc(sizeof(BK));
    h_book=p0;
    printf("\n 请输入图书信息:\n");
    printf("图书编号:");
    scanf("%s",p0->book_num);
    printf("图书名称:");
    scanf("%s",p0->book_name);
    printf("图书作者:");
    scanf("%s",p0->book_writer);
    printf("图书数量:");
    scanf("%d",&p0->book_kc);
    p0->book_xy=p0->book_kc;   /*开始和库存量相等*/
    p0->next=NULL;
    printf("\n 图书信息初始化完毕!请按任意键继续下一步操作...\n");
    getch();
    system("cls");
}

void Insert_New_Book()/*新书入库*/
{
    BK *p,*p0,*p1;
    p=p1=h_book;
    printf("\n***************欢迎进入新书入库模块********************\n");
    printf("\n 请您输入新书信息...\n 包括图书编号、图书名称、图书作者和图书数量\n");
    p0=(BK *)malloc(sizeof(BK));
    printf("图书编号:");
```

```c
        scanf("%s",p0->book_num);
        while(strcmp(p0->book_num,p1->book_num)!=0&&p1->next!=NULL)
            p1=p1->next;
    if(strcmp(p0->book_num,p1->book_num)==0)  /*此处分两种情况,若图书编号存在,则直接入
库,只需输入书的数量*/
        {
            printf("\n 此编号的图书已存在!!直接入库!\n");
            printf("图书数量:");
            scanf("%d",&p0->book_kc);
            p1->book_kc+=p0->book_kc;
            p1->book_xy+=p0->book_kc;
        }
        else/*若不存在,则需要输入其他信息,然后再进行插入操作*/
        {
            printf("图书名称:");
            scanf("%s",p0->book_name);
            printf("图书作者:");
            scanf("%s",p0->book_writer);
            printf("图书数量:");
            scanf("%d",&p0->book_kc);//库存数量
            while(p->next)
                { p=p->next; }
            if(h_book==NULL) h_book=p0;
            else p->next=p0;
            p0->next=NULL;
            p0->book_xy=p0->book_kc;
        }
        printf("\n 新书入库完毕!请您按任意键继续下一步操作...\n");
        getch();
        system("cls");
}

void Add_reader()/*添加读者*/
{
    RD *p0;
    int i;
    printf("\n 读者初始化开始,请您输入读者信息...\n 包括借书证号和借书者姓名...\n");
    p0=(RD*)malloc(sizeof(RD));
    h_reader=p0;
```

```c
        printf("\n请您输入读者的信息:\n");
        printf("读者图书证号:");
        scanf("%s",p0->reader_num);
        printf("读者姓名:");
        scanf("%s",p0->reader_name);
        p0->right=0;
        for(i=0;i<Max;i++)
        {
            strcpy(p0->borrow[i].borrow_book_num,"0");  /*所借图书直接置为0*/
            strcpy(p0->borrow[i].limit_date,"0");
        }
        p0->next=NULL;
        printf("\n读者信息初始化完毕!按您任意键继续下一步操作...\n");
        getch();
        system("cls");
}


void Borrow_Book()  /*借书模块*/
{
    BK *p0; RD *p1;
    char bo_num[10],rea_num[10],lim_date[8];
    int i;
    p0=h_book; p1=h_reader;
    printf("\n*******************欢迎进入图书借阅模块********************\n");
    printf("\n请输入借书的读者的借书证号:");
    scanf("%s",rea_num);
    while(p1->next!=NULL&&strcmp(rea_num,p1->reader_num)!=0)
        p1=p1->next;
    if(p1->next==NULL&&strcmp(rea_num,p1->reader_num)!=0)
    {
        printf("\n此读者编号不存在!按任意键返回...\n");
        goto END;
    }
    printf("\n请您输入您要借的书的编号:");
    scanf("%s",bo_num);
    while(strcmp(bo_num,p0->book_num)!=0&&p0->next!=NULL)
        p0=p0->next;
    if(p0->next==NULL&&strcmp(bo_num,p0->book_num)!=0)
    {
```

```c
        printf("\n此图书编号不存在!按任意键返回...\n");
        goto END;
    }
    else if(p0->book_xy<=0)
    {
        printf("\n非常抱歉,此书已借完!请您等待新书的到来!!\n请按任意键返回....");
        goto END;
    }
    else if(p1->right>Max||p1->right==Max)
    {
        printf("\n不好意思,借书数目已满!不能借书!\n按任意键返回....");
        goto END;
    }
    else if(strcmp(p1->borrow[0].borrow_book_num,"0")!=0)
    {
        for(i=0;i<Max;i++)
        {
            if(strcmp(p1->borrow[i].borrow_book_num,bo_num)==0)
            {
                printf("\n十分抱歉!同一个读者不能同时借两本相同的书!\n按任意键返回...");
                goto END;
            }
            else if(strcmp(p1->borrow[i].borrow_book_num,"0")==0)
            {
                printf("\n请您输入您要归还图书的日期:");
                scanf("%s",lim_date);
                strcpy(p1->borrow[p1->right++].borrow_book_num,bo_num);
                strcpy(p1->borrow[p1->right-1].limit_date,lim_date);
                p0->book_xy--;
                p0->book_kc--;
                printf("\n读者编号%s借书完毕!请您按任意键继续下步操作...", p1->reader_num);
                goto END;
            }
        }
    }

    else
    {
        printf("\n请您输入您要归还图书的日期:");
```

```c
            scanf("%s",lim_date);
            strcpy(p1->borrow[p1->right++].borrow_book_num,bo_num);
            strcpy(p1->borrow[p1->right-1].limit_date ,lim_date );
            p0->book_xy--;
            p0->book_kc--;
            printf("\n读者编号%s借书完毕!请您按任意键继续下一步操作...",p1->reader_num);
        }
END:getch(); system("cls");
}


void Return_Book() /*还书模块*/
{
    BK *p; RD *q;
    int i,j,find=0;
    char return_book_num[10],return_reader_num[10];
    p=h_book; q=h_reader;
    printf("\n********************欢迎进入图书归还模块************************\n");
    printf("\n请您输入要还书的读者编号:");
    scanf("%s",return_reader_num);
    while(q->next!=NULL&&strcmp(return_reader_num,q->reader_num)!=0)
        q=q->next;
    if(q->next==NULL&&strcmp(return_reader_num,q->reader_num)!=0)
    {
        find=2;
        printf("\n此读者编号不存在!按任意键返回...\n");
        goto end;
    }
    printf("\n请您输入读者还书的编号:");
    scanf("%s",return_book_num);
    while(p->next!=NULL&&strcmp(return_book_num,p->book_num)!=0)
        p=p->next;
    if(p->next==NULL&&strcmp(return_book_num,p->book_num)!=0)
    {
        find=2;
        printf("\n错误!此图书编号不存在!按任意键返回...\n");
        goto end;
    }
    for(i=0;i<Max;i++)
```

```
                if(strcmp(return_book_num,q->borrow[i].borrow_book_num)==0)         /*如果
此读者借了此书*/
                {
                    find=1;
                    for(j=i;j<Max-1;j++)
                    {
                        strcpy(q->borrow[j].borrow_book_num,q->borrow[j+1].borrow_book_num);
                        strcpy(q->borrow[j].limit_date,q->borrow[j+1].limit_date);
                    }
                    strcpy(q->borrow[Max-1].borrow_book_num,"0");
                    strcpy(q->borrow[Max-1].limit_date,"0");
                    p->book_xy++;
                    p->book_kc++;
                    q->right--;
                    printf("\n编号%s的读者还书完毕!按您任意键继续下一步操作...",return_reader_num);
                }
            if(find==0)
                printf("\n错误!此读者未借此书!按任意键返回...\n");
end: getch(); system("cls");
}


void Print_book()  /*显示图书信息*/
{
    BK *p;
    p=h_book;
    printf("\n 图书信息如下:\n\n");
    printf("图书编号\t图书名称\t图书作者\t图书现有量\t\t图书库存量\n");
    while(p!=NULL)
    {

    printf("%s\t\t%s\t\t%s\t\t%d\t\t%d\n",p->book_num,p->book_name,p->book_writer,p->book_xy,p->book_kc);
        p=p->next;
    }
    printf("\n 图书信息打印完毕!按任意键继续下一步操作...");
    getch();
    system("cls");
}
void Find_book()  /*查找图书信息*/
```

```
{
    BK *p;
    char num[10];
    p=h_book;
    printf("\n请输入要查询的图书编号:\n\n");
    scanf("%s",num);
    while(p!=NULL)
    {
        if(strcmp(num,p->book_num)==0)
        {printf("图书编号\t图书名称\t图书作者\t图书现有量\t\t图书库存量\n");
        printf("%s\t\t%s\t\t%s\t\t%d\t\t%d\n",p->book_num,p->book_name,p->book_writer,p->book_xy,p->book_kc);
        break;
        }
        else
            p=p->next;
    }
    if(p==NULL)
        printf("此书不存在!");
}

void Print_reader()        /*显示读者信息*/
{
    RD *p;
    int i;
    p=h_reader;
    printf("\n读者信息如下:\n\n");
    printf("读者借书证号\t\t读者姓名\n");
    printf("\n");
    while(p!=NULL)
    {
        printf("\t%s\t\t%s",p->reader_num,p->reader_name);
        for(i=0;i<Max;i++)
        {
            printf("\n");
            printf("图书编号",i+1);
            printf("\t还书日期",i+1);
            printf("\n");
            printf("\t%s",p->borrow[i].borrow_book_num);
```

```c
                printf("\t\t%s",p->borrow[i].limit_date);
            }
            printf("\n");
            p=p->next;
        }
        printf("\n 读者信息打印完毕!按任意键继续下一步操作…");
        getch();
        system("cls");
}
void Save_Reader()    /*保存读者信息*/
{
    FILE *fp_reader;
    RD *p,*p0;
    p=h_reader;
    if((fp_reader=fopen("Reader.txt","wb"))==NULL)
    {
        printf("\n 文件保存失败!\n 请重新启动本系统…\n");
        exit(0);
    }
    while(p!=NULL)
    {
        if(fwrite(p,sizeof(RD),1,fp_reader)!=1)    /*将链表中的信息写入文件中*/
            printf("\n 写入文件失败!\n 请重新启动本系统!\n");
        p0=p;
        p=p->next;
        free(p0);  /*释放所有结点*/
    }
    h_reader=NULL;
    fclose(fp_reader);
}

void Save_Book()  /*保存图书信息*/
{
    FILE *fp_book;
    BK *p,*p0;
    p=h_book;
    if((fp_book=fopen("Book.txt","wb"))==NULL)
    {
        printf("\n 文件保存失败!\n 请重新启动本系统…\n");
```

```c
        exit(0);
    }
    while(p!=NULL)
    {
        if(fwrite(p,sizeof(BK),1,fp_book)!=1)
            printf("\n写入文件失败!\n请重新启动本系统!\n");
        p0=p;
        p=p->next;
        free(p0);
    }
    h_book=NULL;
    fclose(fp_book);       /*关闭文件*/
}


void Load_Reader()    /*加载读者信息*/
{
    RD *p1,*p2,*p3;
    FILE *fp;
    fp=fopen("book.txt","rb");
    p1=(RD *)malloc(sizeof(RD));
    fread(p1,sizeof(RD),1,fp);
    h_reader=p3=p2=p1;
    while(! feof(fp))
    { p1=(RD *)malloc(sizeof(RD));
    fread(p1,sizeof(RD),1,fp);
    p2->next=p1;
    p3=p2;
    p2=p1;
    }
    p3->next=NULL;
    free(p1);
    fclose(fp);
}


void Load_Book()  /*加载图书信息*/
{
    BK *p1,*p2,*p3;
    FILE *fp;
    fp=fopen("Book.txt","rb");
```

```
        p1=(BK *)malloc(sizeof(BK));
        fread(p1,sizeof(BK),1,fp);
        h_book=p3=p2=p1;
        while(! feof(fp))     /*读出信息,重新链入链表*/
        { p1=(BK *)malloc(sizeof(BK));
        fread(p1,sizeof(BK),1,fp);
        p2->next=p1;
        p3=p2;
        p2=p1;
        }
        p3->next=NULL;
        free(p1);
        fclose(fp);
}


void main()
{
     FILE *fp_book,*fp_reader;
     if((fp_book=fopen("Book.txt","rb"))==NULL||(fp_reader=fopen("Reader.txt","rb"))==NULL)
           Init();
     else
      {Load_Reader();
      Load_Book();
      }
      for(;;)
      {
            switch(Menu())
            {
            case 0:
            system("cls");
            Save_Reader();
            Save_Book();
            printf("\n\n\t文件保存成功!\n");
            printf("\n\n\t欢迎下次使用本系统!\n");
            getch();
            exit(0);
            case 1:Insert_New_Book();break;
            case 2:Add_reader();break;
            case 3:Borrow_Book();break;
```

```
            case 4:Return_Book();break;
            case 5:Find_book();break;
            case 6:Print_reader();break;
            case 7:Print_book();break;
            default:printf("\n错误!");
            exit(0);}
    }
}
```

测试运行实例（略）

附录 A 使用 Visual C++ 6.0 系统

A.1 Visual C++ 6.0 概述

Visual C++ 6.0 是微软公司推出的目前使用极为广泛的基于 Windows 平台的可视化集成开发环境，它和 Visual Basic、Visual Foxpro、Visual J++等其他软件构成了 Visual Studio（又名 Developer Studio）程序设计软件包。Visual Studio 是一个通用的应用程序集成开发环境，包含一个文本编辑器、资源编辑器、工程编译工具、一个增量连接器、源代码浏览器、集成调试工具，以及一套联机文档。使用 Visual Studio，可以完成创建、调试、修改应用程序等各种操作。

Visual C++ 6.0 提供面向对象技术的支持，它能够帮助使用 MFC 库的用户自动生成一个具有图形界面的应用程序框架。用户只需在该框架的适当部分添加、扩充代码就可以得到一个令人满意的应用程序。

Visual C++ 6.0 除了包含文本编辑器、C/C++混合编译器、连接器和调试器外，还提供了功能强大的资源编辑器和图形编辑器，利用"所见即所得"的方式完成程序界面的设计，大大降低了程序设计的劳动强度，提高了程序设计的效率。

Visual C++ 6.0 的功能强大，用途广泛，不仅可以编写普通的应用程序，还能很好地进行系统软件设计及通信软件的开发。

A.2 使用 Visual C++ 6.0 建立 C 语言应用程序

利用 Visual C++ 6.0 提供的一种控制台操作方式，可以建立 C 语言应用程序，Win32 控制台程序（Win32 Console Application）是一类 Windows 程序，它不使用复杂的图形用户界面，程序与用户交互通过一个标准的正文窗口。下面对使用 Visual C++ 6.0 编写简单的 C 语言应用程序作一个初步的介绍。

1. 安装和启动

运行 Visual Studio 软件中的"setup.exe"程序，选择安装 Visual C++ 6.0，然后按照安装程序的指导完成安装过程。

安装完成后，在"开始"菜单的程序选单中有 Microsoft Visual Studio 6.0 图标，选择其中的"Microsoft Visual C++ 6.0"即可运行（也可在 Windows 桌面上建立一个快捷方式，双击快捷方式即可运行）。

2. 创建工程项目

用 Visual C++ 6.0 系统建立 C 语言应用程序，首先要创建一个工程项目（project），用来存放 C 程序的所有信息。创建一个工程项目的操作步骤如下：

图 A-1　创建工程项目

（1）进入 Visual C++ 6.0 环境后，选择主菜单"文件（File）"中的"新建（New）"选项，在弹出的对话框中单击上方的选项卡"工程（Projects）"，选择"Win32 Console Application"工程类型，在"工程（Project name）"一栏中填写工程名，例如"Myexam1"，在"位置（Location）"一栏中填写工程路径（目录），例如"D:\MyProject"，如图 A-1 所示，然后单击"确定（OK）"按钮继续。

（2）屏幕上出现如图 A-2 所示的"Win32 Console Application—Step 1 of 1"对话框后，选择"An empty project"项，然后单击"F 完成（Finish）"按钮继续：

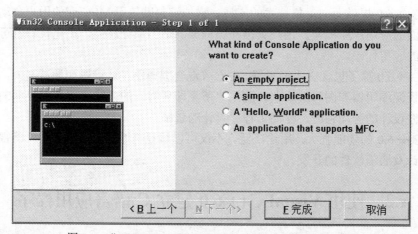

图 A-2　"Win32 Console Application—Step 1 of 1"对话框

出现如图 A-3 所示的"新建工程信息（New Project Information）"对话框后，单击"确定（OK）"按钮完成工程创建。创建的工作区文件为"myexam1.dsw"，工程项目文件为"myexam1.dsp"。

使用 Visual C++ 6.0 系统　附录 A

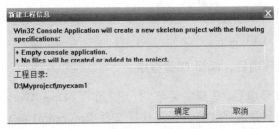

图 A-3　"新建工程信息"对话框

3. 新建 C 源程序文件

选择主菜单"工程（Project）"中的"添加工程（Add to Project）"→"新建（New）"选项，为工程添加新的 C 源程序文件。

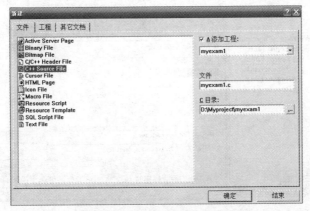

图 A-4　加入新的 C 源程序文件

出现如图 A-4 所示的"新建"对话框后，选择"文件（File）"选项卡，选定"C++ Source File"项，在"文件（File Name）"栏填入新添加的源文件名，如"myexam1.c"，"C 目录（Location）："一栏指定文件路径，单击"确定（OK）"按钮完成 C 源程序的系统新建操作。

在文件编辑区输入源程序，然后保存工作区文件，如图 A-5 所示。对于输入的源程序，选中所需要规范的代码，按"Alt+F8"组合键，就可以快速地规范代码缩进格式。

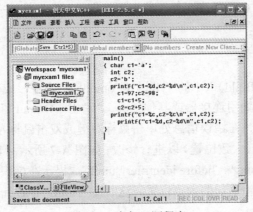

图 A-5　建立 C 源程序

175

注意：填入 C 源程序文件名时一定要加上扩展名".c"，否则系统会为文件添加默认的 C++源程序文件扩展名".CPP"。

4. 打开已存在的工程项目，编辑 C 源程序

进入 Visual C++ 6.0 环境后，选择主菜单"打开工作区（Open Workspace）"命令，在"Open Workspace"对话框内找到并选择要打开的工作区文件"myexam1.dsw"，单击"确定（OK）"按钮，打开工作区。

在左侧的工作区窗口，单击下方的"FileView"选项卡，选择文件视图显示，打开"Source"文件夹，再打开要编辑的 C 源程序进行编辑和修改，如图 A-6 所示。

图 A-6　打开"myexam1.c"源程序

5. 在工程项目中添加已经存在的 C 源程序文件

选择主菜单"打开工作区（Open Workspace）"命令，在"Open Workspace"对话框内找到并选择要打开的工作区文件"myexam.dsw"，单击"确定（OK）"按钮打开工作区。

将已经存在的 C 源程序文件添加到当前打开的工程区文件中，选择主菜单"工程（Project）"中的"添加工程（Add to Project）"→"File"选项，在"Insert File into Project"对话框内找到已经存在的 C 源程序文件，单击"确定（OK）"按钮完成添加。

6. 编译、连接和运行

1）编译

选择主菜单"构建（Build）"中的"编译（Compile）"命令，或单击工具条上的图标，系统只编译当前文件而不调用连接器或其他工具。"输出（Output）"窗口将显示编译过程中检查出的错误或警告信息，在错误信息处单击鼠标右键或双击鼠标左键，可以使输入焦点跳转到引起错误的源代码处（大致位置）以进行修改。如图 A-7 所示，"输出"窗口中提示"Error C2146：syntax error：missing'；'before identifier 'sum2'"，提示在标识符 sum2 之前缺少分号，同时在程序窗口标注出出错语句的大致位置。这时在"sum1=b-a"语句的后面加一个分号后再编译一次即可。

2）构建

选择主菜单"构建（Build）"中的"构建（Build）"命令，或单击工具条上的图标，对最后修改过的源文件进行编译和连接。

选择主菜单"构建（Build）"中的"重建全部（Rebuild All）"命令，允许用户编译所有的源文件，而不管它们何时被修改过。

选择主菜单"构建（Build）"中的"批构建（Batch Build）"命令，能单步重新建立多个工程文件，并允许用户指定要建立的项目类型。

程序构建完成后生成目标文件（.obj），可执行文件（.exe）存放在当前工程项目所在文件夹的"Debug"子文件夹中。

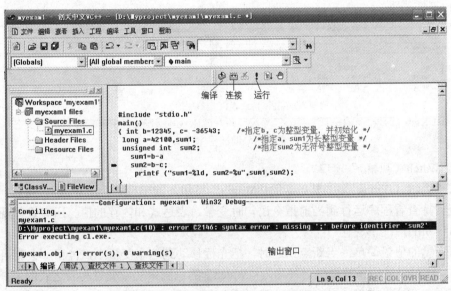

图 A-7　编译、连接和运行 C 源程序

3）运行

选择主菜单"构建（Build）"中的"执行（Build Execute）"命令，或单击工具条上的图标，执行程序，将会出现一个新的用户窗口，按照程序输入要求正确输入数据后，程序即正确执行，用户窗口显示运行的结果。

对于比较简单的程序，可以直接选择该项命令，编译、连接和运行一次完成。

7. 调试程序

在编写较长的程序时，能够一次成功而不含有任何错误绝非易事，对于程序中的错误，系统提供了易用且有效的调试手段。调试是一个程序员最基本的技能，不会调试的程序员即使学会了一门语言，也不能编制出任何好的软件。

1）调试程序环境介绍

（1）进入调试程序环境。

选择主菜单"构建（Build）"中的"开始调试（Start Debug）"命令，选择下一级提供的调试命令，或者在菜单区空白处单击鼠标右键，在弹出的菜单中选中"调试（Debug）"项。激活调试工具条，选择需要的调试命令，系统将会进入调试程序界面。同时提供多种窗口监视程序运行，通过单击"调试（Debug）"工具条上的按钮，可以打开/关闭这些窗口，如图 A-8 所示。

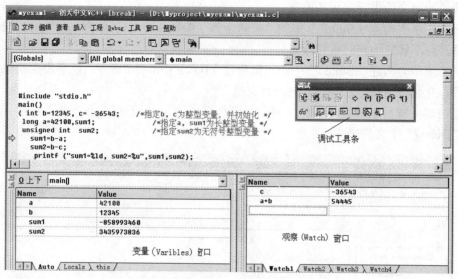

图 A-8　调试程序界面

（2）"Watch（观察）"窗口。

单击"调试(Debug)"工具条上的"Watch"按钮，就出现一个"Watch"窗口。

系统支持查看程序运行到当前指令语句时变量、表达式和内存的值。所有这些观察都必须在断点中断的情况下进行。

观看变量的值最简单，当断点到达时，把光标移动到这个变量上，停留一会就可以看到变量的值。还可以采用系统提供一种称为"Watch"的机制来观看变量和表达式的值。在断点中断状态下，在变量上单击鼠标右键，选择"Quick Watch"，就弹出一个对话框，显示这个变量的值。

在该窗口中输入变量或者表达式，就可以观察变量或者表达式的值。注意：这个表达式不能有副作用，例如"++"和"--"运算符绝对禁止用于这个表达式，因为这种运算符将修改变量的值，导致程序的逻辑被破坏。

（3）变量"(Variables)"窗口。

单击"调试(Debug)"工具条上的"Variables"按钮，弹出"Variables"窗口，显示所有当前执行上、下文中可见的变量的值，当前指令语句涉及的变量以红色显示。

（4）内存（Memory）。

对于指针指向的数组，"Watch"窗口只能显示第一个元素的值。为了显示数组的后续内容，或者显示一片内存的内容，可以使用 Memory 功能。单击"调试（Debug）"工具条上的"Memory"按钮，就弹出一个对话框，在其中输入地址，就可以显示该地址指向的内存的内容。单击主菜单的"查看"中"调试窗口"下的"Memory"，也可实现同样的功能。

（5）寄存器（Registers）。

单击"调试（Debug）"工具条上的"Registers"按钮会弹出一个对话框，显示当前所有寄存器的值。SSE（Streaming SIMD Extensions，单指令多数据流扩展）寄存器是专用寄存器，并非通用寄存器，因为它是专门针对多媒体数据处理指令而设计的，SSE 有 8 个 128 位独立寄存器（XMM0～XMM7），MM 指 64 位 MMX（MultiMedia eXtensions，多媒体扩展）寄存器，XMM 指 128 位 XMM 寄存器。单击主菜单"查看"中"调试窗口"下的"Registers"，也可实现同样的功能。

（6）调用堆栈（Call Stack）。

调用堆栈反映了当前断点处函数是被哪些函数按照什么顺序调用的。单击"调试（Debug）"工具条上的"Call stack"可显示"Call Stack"对话框。在"Call Stack"对话框中显示了一个调用系列，最上面的是当前函数，往下依次是调用函数的上级函数。单击这些函数名可以跳到对应的函数中去。

2）单步执行调试程序

系统提供了多种单步执行调试程序的方法，可以通过单击"调试（Debug）"工具条上的按钮或按快捷键的方式选择多种单步执行命令。

（1）单步跟踪进入子函数（Step Into，F11），每按一次 F11 键或按 ，程序执行一条无法再进行分解的程序行，如果涉及子函数，则进入子函数内部。

（2）单步跟踪跳过子函数（Step Over，F10），每按一次 F10 键，程序执行一行；"Watch"窗口可以显示变量名及其当前值，在单步执行的过程中，可以在"Watch"窗口中加入所需观察的变量，进行辅助监视，随时了解变量当前的情况，如果涉及子函数，不进入子函数内部。

（3）单步跟踪跳出子函数（Step Out，Shift+F11），按"Shift+F11"组合键后，程序运行至当前函数的末尾，然后从当前子函数跳到上一级主调函数。

（4）运行到当前光标处，当按下"Ctrl+F10"组合键后，程序运行至当前光标处所在的语句。

常用调试命令见表 A-1。

表 A-1 常用调试命令

菜单命令	工具条按钮	快捷键	说　明
Go		F5	继续运行，直到断点处中断
Step Over		F10	单步，如果涉及子函数，不进入子函数内部
Step Into		F11	单步，如果涉及子函数，进入子函数内部
Run to Cursor		Ctrl+F10	运行到当前光标处
Step Out		Shift+F11	运行至当前函数的末尾，跳到上一级主调函数
		F9	设置/取消断点
Stop Debugging		Shift+F5	结束程序调试，返回程序编辑环境

3）设置断点调试程序

为方便较大规模程序的跟踪，断点是最常用的技巧。断点是调试器设置的一个代码位置。当程序运行到断点时，程序中断执行，回到调试器。调试时，只有设置了断点并使程序回到调试器，才能对程序进行在线调试，如图 A-9 所示。

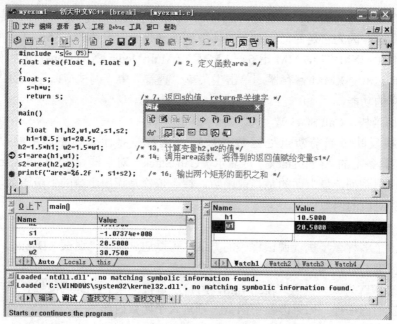

图 A-9 设置断点调试程序

（1）设置断点的方法。

可以通过下述方法设置一个断点：首先把光标移动到需要设置断点的代码行上，然后按 F9 快捷键或者单击"编译"工具条上的按钮 ，断点处所在的程序行的左侧会出现一个红色圆点（参考图 A-9 和表 A-1）。

还可以选择主菜单"编辑（Edit）"中的"断点（Breakpoints）"命令，弹出"Breakpoints"对话框，打开后点击"A 分隔符在（Break at）"编辑框右侧的箭头，选择合适的位置信息。一般情况下，直接选择"line xxx"就足够了，如果想设置不是当前位置的断点，可以选择"Advanced"，然后填写函数、行号和可执行文件信息。

系统提供如下多种类型的断点：

① 条件断点：可以为断点设置一个条件，这样的断点称为条件断点。对于新加的断点，可以单击"C 条件（Conditions）"按钮，为断点设置一个表达式。当这个表达式发生改变时，程序就被中断。

② 数据断点：数据断点只能在"Breakpoints"对话框中设置。选择"Data"选项卡，显示设置数据断点的对话框。在编辑框中输入一个表达式，当这个表达式的值发生变化时，到达数据断点。一般情况下，这个表达式应该由运算符和全局变量构成。

③ 消息断点：Visual C++ 也支持对 Windows 消息进行截获。有两种方式进行截获，即窗口消息处理函数和特定消息中断。在"Breakpoints"对话框中选择"Messages"选项卡，就可以设置消息断点。

（2）程序运行到断点。

选择主菜单"构建（Build）"中的"开始调试（Start Debug）"命令的下一级的"去（Go）"调试命令，或者单击"编译（Compile）"工具条上的 按钮，程序执行到第一个断点处将暂停执行，该断点处所在的程序行的左侧红色圆点上出现一个黄色箭头，此时，用户可方便地进行变量观察。继续执行该命令，程序运行到下一个相邻的断点（参考图 A-9）。

（3）取消断点。

只需在代码处再次按 F9 键或者单击"编译"工具条上的按钮，就可以打开"Breakpoints"对话框，然后按照界面提示去掉断点。

4）结束程序调试，返回程序编辑环境

选择主菜单"Debug"中的"Stop Debugging"命令，或者单击"调试（Debug）"工具条上的 按钮，或者单击"Shift+F5"组合键，可结束程序调试，返回程序编辑环境。

8. 有关联机帮助

Visual C++ 6.0 提供了详细的帮助信息，用户通过选择"帮助（Help）"菜单下的"帮助目录（Contents）"命令就可以进入帮助系统。在源文件编辑器中把光标定位在一个需要查询的单词处，然后按 F1 键也可以进入 Visual C++ 6.0 的帮助系统。用户要使用帮助系统，必须首先安装 MSDN。用户通过 Visual C++ 6.0 的帮助系统可以获得几乎所有的 Visual C++ 6.0 的技术信息，这也是 Visual C++ 6.0 作为一个非常友好的开发环境所具有的特色之一。

附录 B

模拟试题及答案（一）

一、选择题（每空 2 分，共 20 分）

1. 计算机内部数据处理的基本单位是（　　）。
   A. 数据　　　　　B. 数据元素　　　　C. 数据项　　　　D. 数据库

2. 一个 n×n 的对称矩阵 A，采用压缩存储方式存放到一维数组 B 中，则 B 的容量为（　　）。
   A. n^2　　　　　B. $n^2/2$　　　　　C. $n\times(n+1)/2$　　　D. $(n+1)^2/2$

3. 广义表（(a,b,c,d)）的表头是（　　），表尾是（　　）。
   A. A　　　　　　B. ( )　　　　　　C. (a,b,c,d)　　　　D. (b,c,d)

4. 向一个栈顶指针为 hs 的链栈中插入一个 s 结点时，应执行（　　）。
   A. hs->next=s;
   B. s->next=hs; hs=s;
   C. s->next=hs->next; hs->next=s;
   D. s->next=hs; hs=hs->next;

5. 在有向图 G 的拓扑序列中，若顶点 V_i 在顶点 V_j 之前，则下列情形不可能出现的是（　　）。
   A. G 中有弧<V_i，V_j>
   B. G 中有一条 V_i 到 V_j 的路径
   C. G 中没有弧<V_i，V_j>
   D. G 中有一条 V_j 到 V_i 的路径

6. 若二叉树的先序序列和后序序列正好相反，则二叉树一定满足（　　）。
   A. 所有结点均无左孩子
   B. 所有结点均无右孩子
   C. 只有一个叶子结点
   D. 是任意一棵二叉树

7. 下列哪个命题不成立（　　）。
   A. m 阶 B 树每一个结点的子树个数都小于或等于 m。
   B. m 阶 B 树每一个结点的子树个数都大于或等于⌈m/2⌉。
   C. m 阶 B 树任何一个结点的左、右子树的高度都相等。
   D. m 阶 B 树具有 k 个子树的非叶子结点含有 k−1 个关键字。

8. 数组 Data[0…m]作为循环队列 SQ 的存储空间，front 为队头指针，rear 为队尾指针，则执行出队操作的语句为（   ）。

A. front=front+1　　　　　　　　B. front=(front+1)% m

C. rear=(rear+1)%m　　　　　　　D. front=(front+1)%(m+1)

9. 已知一个图如图 B-1 所示，从顶点 a 出发进行广度优先遍历可能得到的序列为(   )。

A. a,c,e,f,b,d　　　　　　　　　B. a,c,b,d,f,e

C. a,c,b,d,e,f　　　　　　　　　D. a,c,d,b,f,e

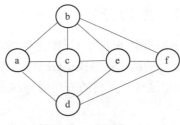

图 B-1　题图 B.1

二、填空题（每空 2 分，共 20 分）

1. 数据的逻辑结构被分为_____4 种。
2. 数据的存储结构被分为_____4 种。
3. 已知一组记录为（46，74，53，14，26，38，86，65，27，34），给出采用快速排序法进行排序时第一趟的排序结果：_____。
4. 已知一组记录为（46，74，53，14，26，38，86，65，27，34），给出采用堆排序法建立的初始大根堆：_____。
5. 设用于通信的电文仅由 8 个字母组成，字母在电文中出现的频率分别为 7、19、2、6、32、3、21、10，以这些频率作为权值构造哈夫曼树，则这棵哈夫曼树的高度为_____。（根的高度为 0）
6. 已知一个连通图的边集为{(1,2)3,(1,3)6,(1,4)8,(2,3)4,(2,5)10,(3,5)12,(4,5)2}，若从顶点 1 出发，在按照 Prim 算法生成最小生成树的过程中依次得到的各条边为_____；在按照 Kruskal 算法生成的最小生成树的过程依次得到的各条边为_____。
7. 如图 B-2 所示，两个栈共享一个向量空间，top1 和 top2 分别为指向两个栈顶元素的指针，则"栈满"的判定条件是_____。

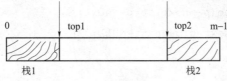

图 B-2　题图 B.2

8. 给出下列程序的时间复杂度：_____。
```
int i,j,k;
    for(i=0;i<n;i++)
```

```
        for(j=0;j<=n;j++)
        {   c[i][j]=0;
            for(k=0;k<n;k++)
                c[i][j]=a[i][k]*b[k][j]
        }
```

9. 设指针变量 p 指向单链表结点 A，则删除结点 A 的后继结点 B 需要的操作为_____。

三、应用题（每题 10 分，共 40 分）

1. 证明：由二叉树的前序序列和中序序列可以唯一地确定一棵二叉树。

2. 已知一棵二叉树的后序遍历的结果是 ABFHGEDC，中序遍历的结果是 ABCEFGHD。（1）试画出这棵二叉树。（2）画出这棵二叉树的先序前驱线索二叉树。（3）将此二叉树转换成树或森林。

3. 设有一组关键字{9,01,23,14,55,20,84,27}，采用哈希函数：H（key）=key mod 7，表长为 10，用开放地址法的二次探测方法 Hi=（H（key）+di）mod 10（di=1^2, 2^2, 3^2, …）解决冲突。要求：对该关键字序列构造哈希表，并计算查找成功的平均查找长度。

4. 事件结点网络如图 B-3 所示，求出各事件可能的最早开始时间和允许的最晚开始时间，及活动的最早开始时间和最迟开始时间，并求出关键活动。其中：a1=2，a2=3，a3=3，a4=5，a5=9，a6=4，a7=6，a8=2，a9=3。

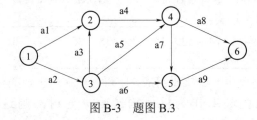

图 B-3 题图 B.3

四、阅读编程题（20 分）

1. LinkList mynote(LinkList L)
```
    {//L 是不带头结点的单链表的头指针
        if(L&&L->next){
            q=L;L=L->next;p=L;
S1:         while(p->next) p=p->next;
S2:         p->next=q;q->next=NULL;
        }
        return L;
    }
```

请回答下列问题（3 分）：

（1）说明语句 S1 的功能；

（2）说明语句组 S2 的功能；

（3）设链表表示的线性表为（$a_1, a_2, \cdots, a_n$），写出算法执行后的返回值所表示的线性表。

2. 有如下递归过程：
```
void reverse(int m)
{printf("%d",n%10);
 if(n/10!=0)
 reverse(n/10);
}
```
写出调用语句 reverse（582）的结果（3分）。

3. 已知带头结点的单链表 L 中的结点是整数值递增排列的，写一算法将值为 x 的结点插入到表 L 中，使 L 仍然递增有序（7分）。
```
typedef struct node {
   int data;
   struct node*next;
}LinkNode,*LinkList;
LinkList insert(LinkList L,int x)
```

4. 数组 A 中存放着 n 个整数，请设计算法将所有大于 t 的数放在数组的前半部分，要求使用尽量少的临时单元，并且算法的效率较高（7分）。

参 考 答 案

一、选择题（每空 2 分，共 20 分）

1. B 2. C 3. C B 4. B 5. D 6. C 7. B 8. D 9. C

二、填空题（每空 2 分，共 20 分）

1. 集合，线性，树，图
2. 顺序、链式、散列、索引
3. [34 27 38 14 26] 46 [86 65 53 74]
4. 86，74，53，65，34，38，46，14，27，26
5. 5
6. (1,2)(2,3)(1,4)(4,5);(4,5)(2,3)(1,3)(2,5)
7. top1+1==top2
8. $O(n^3)$
9. p->next=p->next->next

三、简答题（共 40 分，每题 10 分）

1. 证明：给定二叉树结点的前序序列和中序序列可以唯一地确定一棵二叉树。因为知道先序遍历后，第一个根是唯一确定的，然后在中序遍历里这个根将它分为两个部分，在中序序列中,根结点前面的序列即左子树的中序遍历序列,根结点后面的即右子树的中序遍历序列,由左、右子树的中序序列的长度,在该二叉树的先序序列中即可找到左、右子树的先序序列的分界点,从而得到二叉树的左、右子树的先序序列。依此类推,由先序序列确定根结点(就是第一个字母),按根结点把中序序列分为两段,前面的是左子树,后面的是右子树,所有子树的根都唯一确定,二叉树就是唯一的。

2. 答:如图 B-4 所示。

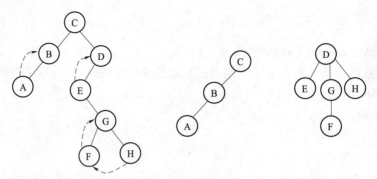

图 B-4 题图 B.4

3. 答:
散列表见表 B-1。

表 B-1 散列表

散列地址	0	1	2	3	4	5	6	7	8	9
关键字	14	01	9	23	84	27	55	20		
比较次数	1	1	1	2	3	4	1	2		

平均查找长度:$ASL_{succ}=$(1+1+1+2+3+4+1+2)/8=15/8。

以关键字 27 为例:H(27)=27%7=6(冲突),H_1=(6+1)%10=7(冲突),H_2=(6+2^2)%10=0(冲突),H_3=(6+3^2)%10=5,所以比较了 4 次。

4. 答:(1)事件的最早发生时间 ve[k]:

ve(1)=0

ve(2)=3+3=6

ve(3)=3

ve(4)=9+3=12

ve(5)=12+6=18

ve(6)=18+3=21

(2)事件的最迟发生时间 vl[k]:

vl(6)=ve(6)=21

vl(5)=21-3=18

vl(4)=18-6=12

vl(3)= min{12-9,18-4,7-3}=3

vl(2)=12-5=7
vl(1)=min{7-2,3-3}=0

（3）活动的最早开始时间 e[ai]和活动的最晚开始时间 l[ai]：

e(a1)=0　　　l(a9)=vl(6)-a9=18
e(a2)=0　　　l(a8)=vl(6)-a8=19
e(a3)=3　　　l(a7)=vl(5)-a7=12
e(a4)=6　　　l(a6)=vl(5)-a6=14
e(a5)=3　　　l(a5)=vl(4)-a5=3
e(a6)=3　　　l(a4)=vl(4)-a4=7
e(a7)=12　　 l(a3)=vl(2)-a3=4
e(a8)=12　　 l(a2)=vl(3)-a2=0
e(a9)=18　　 l(a1)=vl(2)-a1=5

关键路径为 a2,a5,a7,a9。

四、阅读编程（20 分）

1.（1）查询链表的尾结点；
（2）将第一个结点链接到链表的尾部，作为新的尾结点；
（3）返回的线性表为（$a_2, a_3, \cdots, a_n, a_1$）。

2. 285

3. /*将值为 x 的结点插入到有序表 L 中*/
```
LinkList insert(LinkList L,int x)
{LinkList p=L;
 while(p->next&&p->next->data>x)
   p=p->next;
 s=(Lnode*)malloc(sizeof(Lnode));
 s->data=x;
 s->next=p->next;
 p->next=s;
 return(L);
}
```

4. 采用类似快速排序的算法实现。时间复杂度为 O(n)。
```
    void process(int A[],int n)
      {l=0;r=n-1;
       while(l<r)
         {while((l<r)&&(A[r]<t))  r--;
          while((l<r)&&(A[j]>t))  l++;
          b=A[l];A[l]=A[r];A[r]=b;
          l++;r--;
         }
      }
```

附录 C 模拟试题及答案（二）

一、选择题（每小题 2 分，共 20 分）

1. 在数据结构中，从逻辑上可以把数据结构分为（　　）。
   A. 动态结构和静态结构　　　　　　B. 紧凑结构和非紧凑结构
   C. 线性结构和非线性结构　　　　　D. 内部结构和外部结构

2. 下面程序段的时间复杂度为（　　）
   ```
   int funsigned (int n) {
   if(n==0 || n==1) return 1;
   else return n*f(n-1);
   }
   ```
   A. O(1)　　　　B. O(n)　　　　C. O(n2)　　　　D. O(n!)

3. 一个栈的输入序列为 1,2,3,4,5，则下列序列中不可能是栈的输出序列的是（　　）。
   A. 2,3,4,1,5　　　　　　　　　　　B. 5,4,1,3,2
   C. 2,3,1,4,5　　　　　　　　　　　D. 1,5,4,3,2

4. 设二维数组 A[6][10]，每个数组元素占用 4 个存储单元，若按行优先顺序存放数组元素，a[0][0]的存储地址为 860，则 a[3][5]的存储地址是（　　）。
   A. 1000　　　　B. 860　　　　C. 1140　　　　D. 1200

5. 对于初始状态递增有序的表按从小到大的次序排序，时间效率最高的是（　　）。
   A. 快速排序　　B. 插入排序　　C. 堆排序　　　D. 归并排序

6. 在一个单链表中，若 q 结点是 p 结点的前驱结点，若在 q 与 p 之间插入结点 s，则执行（　　）。
   A. s→link=p→link; p→link=s;　　　B. p→link=s; s→link=q;
   C. p→link=s→link; s→link=p;　　　D. q→link=s; s→link=p;

7. 深度为 6（根的层次为 1）的二叉树至多有（　　）个结点。

A. 64　　　　　　B. 32　　　　　　C. 31　　　　　　D. 63

8. 对有 n 个记录的有序表采用二分法查找,其平均查找长度的量级为(　　)。

A. $O(\log_2 n)$　　B. $O(n\log_2 n)$　　C. $O(n)$　　D. $O(n^2)$

9. 已知一个序列为{21,39,35,12,17,43},则利用堆排序的方法建立的初始大堆为(　　)。

A. 39,21,35,12,17,43　　　　　　B. 43,39,35,12,17,21

C. 43,39,35,21,17,12　　　　　　D. 43,35,39,17,21,12

10. 线索二叉树是一种(　　)结构。

A. 逻辑　　　　B. 逻辑和存储　　　　C. 物理　　　　D. 线性

二、判断题（判断下列各题是否正确,正确的在括号内打"√",错的打"×"。每小题 1 分,共 10 分）

1. 顺序存储方式只能用于存储线性结构。(　　)
2. 中序遍历二叉排序树的结点就可以得到排好序的结点序列。(　　)
3. 当散列因子小于 1 时,向散列表中散列元素时不会引起冲突。(　　)
4. 树最适合用来表示元素之间具有分支层次关系的数据。(　　)
5. 任何一个关键活动提前完成,都将使整个工程提前完成。(　　)
6. 具有 N 个结点,N−1 条边的无向图是连通图。(　　)
7. 任何无环的有向图,其结点都可以排在一个拓扑序列里。(　　)
8. AVL 树的左、右子树深度之差的绝对值不超过 1。(　　)
9. 用邻接矩阵存储一个图时,在不考虑压缩存储的情况下,其所占用的存储空间大小只与图中顶点个数有关,而与图的边数无关。(　　)
10. 连通分量是无向图中的极小连通子图。(　　)

三、填空题（每空 2 分,共 20 分）

1. 数据结构包括_____、_____、_____三方面的内容。
2. 已知一棵度为 3 的树有 2 个度为 1 的结点,3 个度为 2 的结点,4 个度为 3 的结点,则该树中有_____个叶子的结点。
3. 假定一组记录的排序码为（46,79,56,38,40,80）,对其进行快速排序的第一次划分的结果是_____。
4. 在带有头结点的单链表 L 中,若要删除第一个结点（即首元结点）,则需执行下列三条语句：_____；L->next=U->next；free(U)；
5. 循环队列长度为 m,其头、尾指针分别为 front 和 rear,则判断队列为空的条件是_____,判断队列为满的条件是_____。
6. 已知一棵二叉树的前序扫描序列和中序扫描序列分别为 ABCDEFGHIJ 和 BCDAFEHJIG,试给出该二叉树的后序描扫序列：_____。
7. 中缀表达式 A−(B+C/D)*E 的后缀表达式是_____。

四、简答题（26分）

1. 某通信系统只可能有 A、B、C、D、E、F 6种字符，其出现的概率分别是 0.1、0.4、0.04、0.16、0.19、0.11，试画出相应的哈夫曼树，并设计哈夫曼编码。（6分）

2. 将给定的图（图 C-1）分别用 Prime 和 Kruskal 算法简化为最小的生成树。（6分）

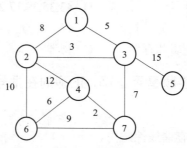

图 C-1　题图 C.1

3. 带权有向图如图 C-2 所示，用 Dijkstra 算法求从顶点 V_1 到其他各顶点的最短路径。要求：
（1）写出带权邻接矩阵；
（2）求出从顶点 V_1 到其他各顶点之间的最短路径，并写出计算过程。（8分）

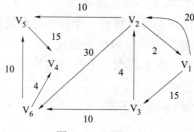

图 C-2　题图 C.2

4. 若有三阶 B 树如图 C-3 所示，请画出从该 B 树中插入关键字 22 后得到的 B 树，然后画出删除关键字 150 后得到的 B 树的形态。（6分）

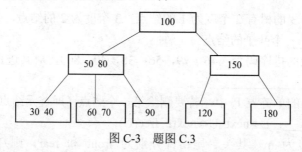

图 C-3　题图 C.3

五、程序设计题（24分）

1. 已知一顺序表 H，其元素值非递增有序排列，编写一个高效算法删除顺序表中多余的值相同的元素（8分）。

2. 设有一单链表 L，结点结构为 |data|next|，结点个数至少 3 个，试画出链表 L 的结构图，并编写算法判断该单链表 L 中的元素是否成等差关系，即：设各元素值次为 a1，a2，a3，…，

an，判断 ai+1−ai=ai−ai−1 是否成立，其中 i 满足 2<=i<=n−1。（8 分）

3. 设有一棵二叉树以二叉链表作为存储结构，结点结构为 |lchild|data|rchild|，其中 data 域中存放一个字符，设计一个算法，按前序遍历顺序仅打印出 data 域为数字的字符（即 '0'<=data<='9'）。（8 分）

参 考 答 案

一、选择题（每小题 2 分，共 20 分）

1. C 2. B 3. B 4. A 5. B 6. D 7. D 8. A 9. B 10. C

二、判断题（判断下列各题是否正确，正确的在括号内打"√"，错的打"×"。每小题 1 分，共 10 分）

1. × 2. √ 3. × 4. √ 5. × 6. × 7. √ 8. √ 9. √ 10. ×

三、填空题（每空 2 分，共 20 分）

1. 数据的逻辑结构　数据的存储结构　数据的运算
2. 12
3. 【40，38】49【56，79，80】
4. U=L->next
5. front==rear　　(rear+1)%m==front
6. DCBFJIHGEA
7. ABCD/+E*-

四、简答题（26 分）

1. 答：如图 C-4 所示。

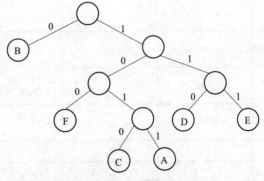

图 C-4　题图 C.4

哈夫曼编码：A：1011，B：0，C：1010，D：110，E：111，F：100。

2. 答：如图 C-5 所示。

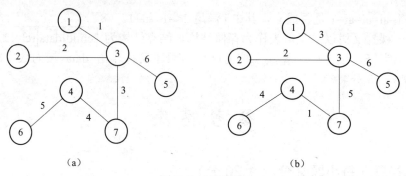

图 C-5　题图 C.5

(a) Prim 算法; (b) Kruskal 算法

3. (1) 邻接矩阵如下:

$$\begin{array}{c} & \begin{array}{cccccc} V_1 & V_2 & V_3 & V_4 & V_5 & V_6 \end{array} \\ \begin{array}{c} V_1 \\ V_2 \\ V_3 \\ V_4 \\ V_5 \\ V_6 \end{array} & \left(\begin{array}{cccccc} 0 & 20 & 15 & \infty & \infty & \infty \\ 2 & 0 & \infty & \infty & 10 & 30 \\ \infty & 4 & 0 & \infty & \infty & 10 \\ \infty & \infty & \infty & 0 & \infty & \infty \\ \infty & \infty & \infty & 15 & 0 & \infty \\ \infty & \infty & \infty & 4 & \infty & 0 \end{array} \right) \end{array}$$

(2) 求解过程见表 C-1。

表 C-1　求解过程

终点	从 V_1 到各终点的 D 值和最短路径的求解过程				
	i=1	i=2	i=3	i=4	i=5
V_2	20	19 (V_1,V_3,V_2)			
V_3	15 (V_1,V_3)				
V_4	∞	∞	∞	29	29 (V_1,V_3,V_6,V_4)
V_5	∞	∞	29	29 (V_1,V_3,V_2,V_5)	
V_6	∞	25	25 (V_1,V_3,V_6)		
V_j	V_3	V_2	V_6	V_5	V_4
S	$\{V_1,V_3\}$	$\{V_1,V_3,V_2\}$	$\{V_1,V_3,V_2,V_6\}$	$\{V_1,V_3,V_2,V_6,V_5\}$	$\{V_1,V_3,V_2,V_6,V_5,V_4\}$

V_1-V_2 的路径: $V_1V_3V_2$, 距离: 19; V_1-V_3 的路径: V_1V_3, 距离: 15;

V_1-V_4 的路径: $V_1V_3V_6V_4$, 距离: 29; V_1-V_5 的路径: $V_1V_3V_2V_5$, 距离: 29;

V_1-V_6 的路径: $V_1V_3V_6$, 距离: 25。

4. 答：如图 C-6 所示。

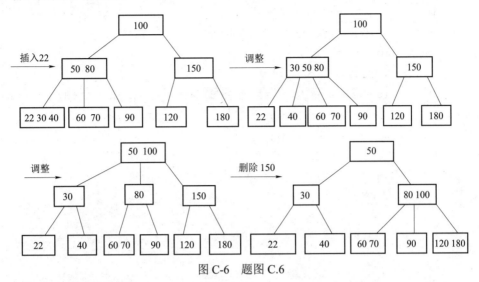

图 C-6　题图 C.6

五、程序设计题（24 分）

1. /* 删除顺序表中多余的值相同的元素*/
```
void delete(SeqList H)
 { int j=0,m,n,k;
  while(j<H->length)
    {k=j+1;
     while(k<H->length&&H->data[j]==H->data[k]) k++;
     n=k-j-1;
     for(m=k;m<=H->length;m++) H->data[m-n]=H->data[m];
     j++;}
 }
```

2. 链表 L 的结构图如图 C-7 所示。

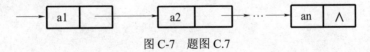

图 C-7　题图 C.7

```
/*判断单链表中的元素是否成等差关系*/
int isrise (lklist L)
  { p=L -> next; b = p -> data - L -> data;
    while (p -> next != NULL)
     { q =p -> next;
       if (q -> data - p -> data !=b) return(0)
       else p = q;
     }
```

```
            return(1);
        }
```

3. /*按前序遍历顺序仅打印出 data 域为数字的字符*/
   ```
   void Nchar (bitreptr t)
     { if (t != Null)
        { if (t -> data >= '0' ) && (t -> data <= '9') printf ("%d" , t -> data );
          Nchar (t -> lchild);
          Nchar (t -> rchild);
        }
     }
   ```

参 考 文 献

[1] 张乃孝. 算法与数据结构——C 语言描述 [M]. 北京：高等教育出版社，2015.
[2] 李春葆. 数据结构教程上机实验指导（第 3 版）[M]. 北京：清华大学出版社，2009.
[3] 王国钧. 数据结构实验教程（C 语言版）[M]. 北京：清华大学出版社，2009.
[4] 李业丽. 数据结构实验教程 [M]. 北京：北京理工大学出版社，2005.
[5] 王苗. 数据结构与算法习题解答及试验指导 [M]. 北京：机械工业出版社，2008.
[6] 严蔚敏. 数据结构（C 语言版）[M]. 北京：清华大学出版社，2004.